不一样的数学故事书

顾问　义务教育数学课程标准修订组组长
北京师范大学教授　**曹一鸣**

奇妙数学之旅

勇闯暗黑狼堡

二年级适用

主编：禹　芳　王　岚　孙敬彬

华 语 教 学 出 版 社

图书在版编目（CIP）数据

奇妙数学之旅．勇闯暗黑狼堡 / 禹芳，王岚，孙敬彬主编．— 北京：华语教学出版社，2024.9

（不一样的数学故事书）

ISBN 978-7-5138-2529-0

Ⅰ．①奇… Ⅱ．①禹… ②王… ③孙… Ⅲ．①数学—少儿读物 Ⅳ．① O1-49

中国国家版本馆 CIP 数据核字（2023）第 257646 号

奇妙数学之旅·勇闯暗黑狼堡

出 版 人 王君校
主　　编 禹 芳 王 岚 孙敬彬
责任编辑 徐 林 谢鹏敏
封面设计 曼曼工作室
插　　图 枫芸文化
排版制作 北京名人时代文化传媒中心
出　　版 华语教学出版社
社　　址 北京西城区百万庄大街 24 号
邮政编码 100037
电　　话（010）68995871
传　　真（010）68326333
网　　址 www.sinolingua.com.cn
电子信箱 fxb@sinolingua.com.cn
印　　刷 河北鑫玉鸿程印刷有限公司
经　　销 全国新华书店
开　　本 16 开（710×1000）
字　　数 88（千）　8.25 印张
版　　次 2024 年 9 月第 1 版第 1 次印刷
标准书号 ISBN 978-7-5138-2529-0
定　　价 30.00 元

（图书如有印刷、装订错误，请与出版社发行部联系调换。联系电话：010-68995871、010-68996820）

《奇妙数学之旅》编委会

写给孩子的话

学好数学对于学生而言有多方面的重要意义。数学学习是中小学生学生生活、成长过程中的一个重要组成部分。可能对很多人来说，学习数学最主要的动力是希望在中考时有一个好的数学成绩，从而考入重点高中，进而考上理想的大学，最终实现“知识改变命运”的目的。因此为了提高考试成绩的“应试教育”大行其道。数学无用、无趣，甚至被视为升学道路上“拦路虎”的恶名也就在一定范围、某种程度上产生了。

但社会上同样也广为认同数学对发展思维、提升解决问题的能力具有不可替代的作用，是科学、技术、工程、经济、日常生活等领域必不可少的工具。因此，无论是为了升学还是职业发展，学好数学都是一个明智的选择。但要真正实现学好数学这一目标，并不是一件很容易做到的事情。如果一个人对数学不感兴趣，甚至讨厌数学，自然就不会认识到学习数学的好处或价值，以致对数学学习产生负面情绪。适合儿童数学学习心理特点的学习资源的匮乏，在很大程度上是造成上述现象的根源。

为了改变这种情况，可以采取多种措施。《奇妙数学之旅》

这套书从儿童数学学习的心理特点出发，选取小精灵、巫婆、小动物等陪同小朋友一起学数学。通过讲故事的形式，让小朋友在轻松愉快的童话世界中，去理解数学知识，学会数学思考并尝试解决数学问题。在阅读与思考中提高学习数学的兴趣，不知不觉地体验到数学的有趣，轻松愉快地学数学，减少对数学的恐惧和焦虑，从而更加积极主动地学习数学。喜欢听童话故事，是儿童的天性。这套书将数学知识故事化，将数学概念和问题嵌入故事情境中，以此来增强学习的趣味性和实用性，激发小朋友的好奇心和想象力，使他们对数学产生兴趣。当孩子们对故事中的情节感兴趣时，也就愿意去了解和解决故事中的数学问题，进而将抽象的数学概念与自己的日常生活经验联系起来，甚至可以了解到数学是如何在现实世界中产生和应用的。

大中小学数学国家教材建设重点研究基地主任

北京师范大学数学科学学院二级教授

人物名片

江美美

一个热爱数学的女生，拥有一种特殊能力：能够听懂动物的语言，可以和动物交流。经常帮助动物们解决问题。

胖胖兔

悠悠草原上的小兔，爱睡觉，爱吃零食，不爱运动，是草原上最肥的兔子，平时干活儿总是偷懒，但又很幸运，每次遇到危险都能逢凶化吉。

包包兔

悠悠草原上的小兔，运动爱好者，是草原上最健壮的小兔，但做事有点儿鲁莽。

花花兔

悠悠草原上的小兔，喜欢收集和制作美的东西，天真可爱，善解人意，和胖胖兔、包包兔是好朋友。

CONTENTS 目录

故事序言

江美美从海底世界探险回家后，最大的梦想就是能多睡几个没有闹钟的懒觉。这天，没有闹钟打断美梦，没有烦人的催喊声，江美美一直睡呀睡，睡到自然醒来。她惬(qiè)意地伸了个懒腰，睁开双眼，发现自己竟然躺在草地上，映入眼帘的是这样一幅画面：灿烂的阳光铺满整片草原，一只胖兔子躲在大树后享受着美食，一只健硕的小兔在运动场挥汗锻炼，还有一只小兔正美滋滋地穿着公主裙左看看右瞧瞧……

江美美爬起来，晃了晃迷迷糊糊的脑袋，满脸茫然地嘟囔道："我这是在哪里呀？"说完还揪了一下自己的耳朵，"哎哟！"

还挺疼的。

虽然很突然，

但她可是江美美——

天生的探险家，她很快

就适应了眼前梦境一般的陌生

环境。似乎被一股神秘的力量吸引着，

爱探险的她向小兔们走去……

第一章 01

进军幽暗森林

——认识方向

江美美正在四处张望，突然看见刚才那只健身的小兔子一蹦三跳地朝她靠近。“你怎么站在这里发呆呀？你是谁呀？我怎么从来都没见过你？”他好奇地问。

“你好，我叫江美美。我一觉醒来就发现自己来到了这里，我也不知道发生了什么事。请问这是哪里呀？”

“江美美你好，我叫包包兔。这里是悠悠草原，是我们兔兔家族生活的地方。我们草原可漂亮了，有小镇，有学校，有超市……”包包兔听说江美美是从草原外面来的，就热情地给她介绍起来。

突然一声号响打断了包包兔的话，也打破了草原的宁静。这是集合的号令！听到号令，包包兔拉着江美美转身就往集合处跑去。

健硕的包包兔加上长腿的江美美，这简直是神仙组合，他们第一个到达集合处——鲜花广场。一见到噜噜兔村长，包包兔就兴奋地向村长炫耀起他的肌肉来：“村长，你看我的肌肉是不是又变结实了？”

“好厉害，但练肌肉太累了，我可做不到！”一只胖兔子在一旁啃着蛋糕含糊不清地说。

“胖胖兔，快看我的裙子，是不是很好看？”穿着公主裙的花花兔轻快地一蹦一跳地来到大家面前。胖胖兔觉得这件公主裙非常适合花

花兔。

草原上的小兔们都到齐了。等大家安静下来后，噜噜兔村长表情凝重地说：“自从生命之源被魔狼王抢走以后，我们悠悠草原的生命能量就开始慢慢流失。如果找不回生命之源，悠悠草原将要面临一场空前绝后的大灾难。今天召集大家来，是要和大家商量如何把我们的生命之源找回来！”

“村长放心，我们一定会想办法把生命之源找回来的，悠悠草原一定不会出事的！”包包兔信心满满地说。

“包包兔，你有信心我很开心。但是魔狼王住在暗黑狼堡里，去那里必须穿过幽暗森林，一路上会遇到很多困难和危险。”

说完这句话，噜噜兔村长才发现包包兔旁边还站着一个小女孩儿，他疑惑地问：“包包兔，她是谁？”

“她叫江美美，是我刚认识的朋友。”包包兔拉着江美美向大家介绍。

江美美听到悠悠草原有危险，立即把自己化身为战士，随时准备投入战斗。她对村长说：“村长您好，我叫江美美，虽然我刚刚到这里，但我愿意和大家一起去暗黑狼堡找回生命之源。我去过很多地方探险，有丰富的经验，我可以帮助大家。”

噜噜兔村长见江美美热心又诚恳，刚准备开口答应，就听见一个声音：“村长，生命之源好吃吗？”

是谁在说话？大家你看看我，我看看你，最后所有目光如聚光灯一样转向了最爱吃的胖胖兔身上。

胖胖兔咽了咽口中的蛋糕回答道：“不是我，我也好奇，是谁把我心里的话说出来了呢？”

只见江美美的手臂上嗖地蹿出一道金光，一只小丑鱼的影子出现在大家面前，他笑嘻嘻地和大家打招呼：“大家好，我是小丑鱼精灵。”

凭空出现的小丑鱼精灵把小兔们吓了一跳，他们都转身准备逃跑。

江美美赶紧说：“不用害怕，他是我海底世界的好朋友，平时隐藏在我手臂上的图案里，有事的时候出来帮忙。你们看！”江美美伸出自己的手臂，上面真的有一个金光闪闪的小丑鱼图案。

听了小丑鱼精灵的来历，小兔们都不害怕了，兴奋地和小丑鱼精灵打招呼。

“生命之源到底是什么呀？”小丑鱼精灵穿过小兔们的包围，好不容易才飘到村长面前，原来小丑鱼一直想着这个问题。

“生命之源是悠悠草原的根本能量所在，生命之源一旦离开，草原就会渐渐枯萎，最终变成荒漠。”噜噜兔村长忧心忡忡地说道。

“啊，那岂不是连青草蛋糕也没得吃了？不行，不行，绝对不可以！我们赶紧想办法把生命之源找回来吧！”胖胖兔急得连手里的蛋糕也不吃了，头摇得跟拨浪鼓一样。

“我们连幽暗森林的入口在哪里都不知道，怎么去呀？”花花兔问道。

“我们分头行动，大家向去过幽暗森林的小动物们打听一下地址，问完之后我们在望月亭集合。江美美，你跟着我走。”小兔们听了噜噜兔村长的安排，立即出发去打听消息了。

小丑鱼化作金光回到江美美手臂上的图案里。

一个小时后，大家都来到望月亭集合。

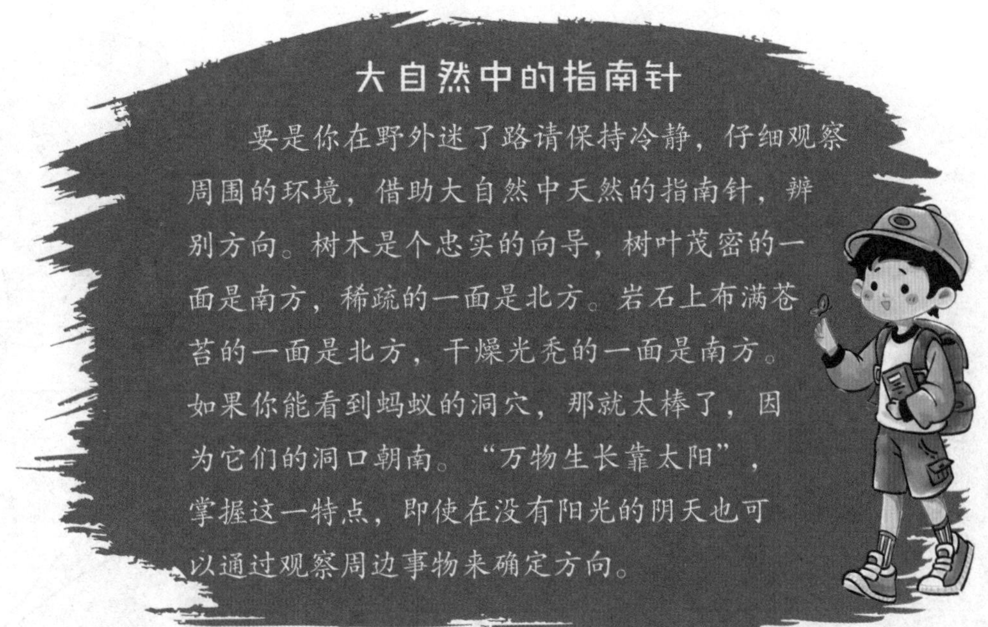

大自然中的指南针

要是你在野外迷了路请保持冷静，仔细观察周围的环境，借助大自然中天然的指南针，辨别方向。树木是个忠实的向导，树叶茂密的一面是南方，稀疏的一面是北方。岩石上布满苍苔的一面是北方，干燥光秃的一面是南方。如果你能看到蚂蚁的洞穴，那就太棒了，因为它们的洞口朝南。“万物生长靠太阳”，掌握这一特点，即使在没有阳光的阴天也可以通过观察周边事物来确定方向。

嚕嚕兔村长问大家有什么收获，小兔们七嘴八舌地说了起来。有的说入口在青草湖的**西面**，有的说入口在月亮桥的**东面**，有的说入口在蘑菇山的**南面**，有的说入口在鲜花港的**北面**。

“怎么每个人说的方向都不一样呢？就算知道在哪个方向，我们又怎么判断东、南、西、北各是哪个方向呢？”胖胖兔本来打听到一个地址，但听了大家的话反而不知道这个地方在哪里了。

“我知道一个简单的方法，**太阳升起的地方就是东方**。早晨，我们面向太阳站立，前面是东，后面是西，右面是南，左面是北。”江美美边说边让包包兔给大家进行演示，包包兔面向太阳站立，伸开双手，像是要拥抱前方的太阳。

“**东的对面是西，南的对面是北**，江美美你这个辨认方向的方法真是太好了！”胖胖兔向江美美竖起大拇指。

“太阳落山的时候你面对太阳站立，你还知道前后左右的方向吗？”包包兔手托下巴问道，他要考考胖胖兔。

“前面是东，后面是西，左面是北，右面是南。”胖胖兔脱口而出。

“哈哈哈，错了，错了！我演示给你看。”包包兔笑着朝太阳落山的方向站好，手指着前面说，“**太阳落山的方向是西，前面就是西，后面是东，左面是南，右面是北。**”

“学会了辨别方向，可还是不知道幽暗森林的入口在哪里呀！”花花兔提出了最关键的问题。

江美美捡起一根小树棍，甩到空中，让小树棍连翻了三个跟头后又回到自己手中。三只小兔子见小树棍在江美美手里转得飞快，还发出呼呼的响声，个个惊恐(kǒng)地往后退。

江美美朝他们走了一步说：“你们后退什么，走近一点儿呀。”小兔们听了笑了笑，又不约而同地向后退去。

“走近才能看清楚呀，知道了地点，还知道了方向，我来画一个地图给你们看。”江美美说着就用手中的小树棍在地上画起来。

“我来，我来，我最喜欢画地图了！”胖胖兔前一秒还拼命往后退，后一秒又冲过去要拿小树棍，这前后变化真是惊呆了花花兔。不等花花兔说话，胖胖兔就疑惑(yí huò)起来：“奇怪，我明明知道这些地点的位置，可要把它们画到地图上时，就不知道从哪里开始画了。”

“画地图时要按照**上北、下南、左西、右东**这样的规则来绘制。我们先把代表方向的线画出来，再选择一个中心点，根据这个中心点画出别的地点的位置就可以了。”江美美在地上边画边解释。

“这样果然简单多了。”胖胖兔在一旁的空地上唰唰唰地画了起来。

很快，一张地图就展现在了大家眼前。

包包兔围着这张地图走了两圈，边走边说："这么说来，幽暗森林入口应该在青草湖的**西面**，而在青草湖西面的有悠悠谷和月亮桥。"

"入口在蘑菇山的**南面**，蘑菇山的南面有悠悠谷和鲜花港。"花花兔说。

"入口在月亮桥的**东面**，月亮桥的东面有悠悠谷和青草湖。"胖胖兔说道，"哈哈，我知道了，符合大家说的方向的地方只有悠悠谷，所以入口一定在悠悠谷，而且悠悠谷正好在鲜花港的**北西**！”刚刚还丈二和尚摸不着头脑的胖胖兔，看着地图一下子就找到了入口，兴奋得手舞足蹈。

“对，入口在悠悠谷！我们现在在望月亭，要过去的话，走哪条路最近呢？”包包兔经常健身，跑跳最擅长，他知道草原上大路小路多如牛毛，要是赶时间，当然是走最近的路。

花花兔想了一会儿，指着地图说：“我们可以**先向北到青草湖，再向西到悠悠谷**。”

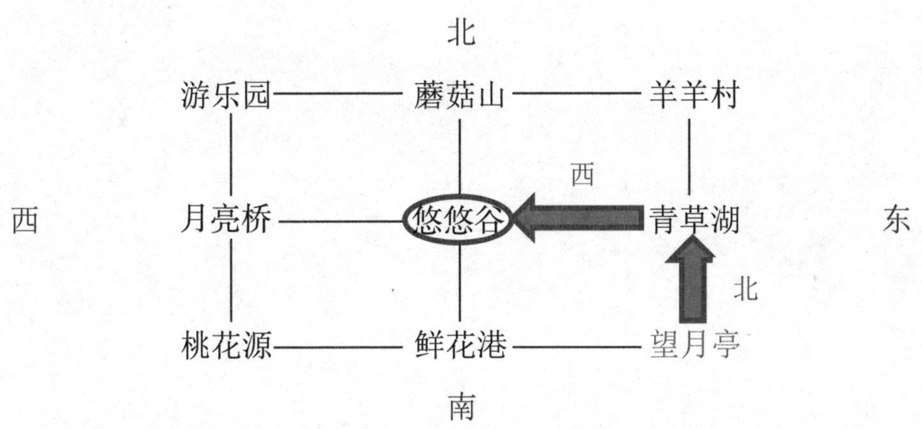

“我们也可以**先向西走到鲜花港，再一路向北到达悠悠谷**。”包包兔也找到了一条通往悠悠谷的路。

“出发！我们一定能找回生命之源！”大家齐声大喊。

“孩子们，一定要注意安全，我等你们凯旋（kǎi xuán）！对了，幽暗森林里的猴族族长孙空空是我的好朋友，你们要是遇到了困难，可以找他帮忙。还有，你们要跟着太阳走，太阳落山的话就再也进不去暗黑狼堡了……”村长很担心这些小兔，但是草原不能没有生命之源，他只能反复叮嘱。

“村长，请放心，我们记住啦！”大家挥挥手告别了村长，踏上寻找生命之源的路途。江美美和小兔们很快来到悠悠谷，找到了幽暗森林的入口，准备进入这个传说中的可怕森林。

数学小博士

江美美、包包兔、胖胖兔和花花兔准备穿过幽暗森林，进入暗黑狼堡，找回生命之源。为了找到幽暗森林的入口，大家先弄清楚了东、南、西、北四个方向。太阳升起的方向就是东，太阳落山的方向就是西，东的右边是南，左边是北。

大家还根据打听到的线索画了一张地图，根据上北、下南、左西、右东的规则确定了各个地点的位置，最后发现了幽暗森林的入口在悠悠谷，于是向着悠悠谷进发了。江美美还将大家的信息收集了起来，做了一张图，小朋友们一起来看看吧。

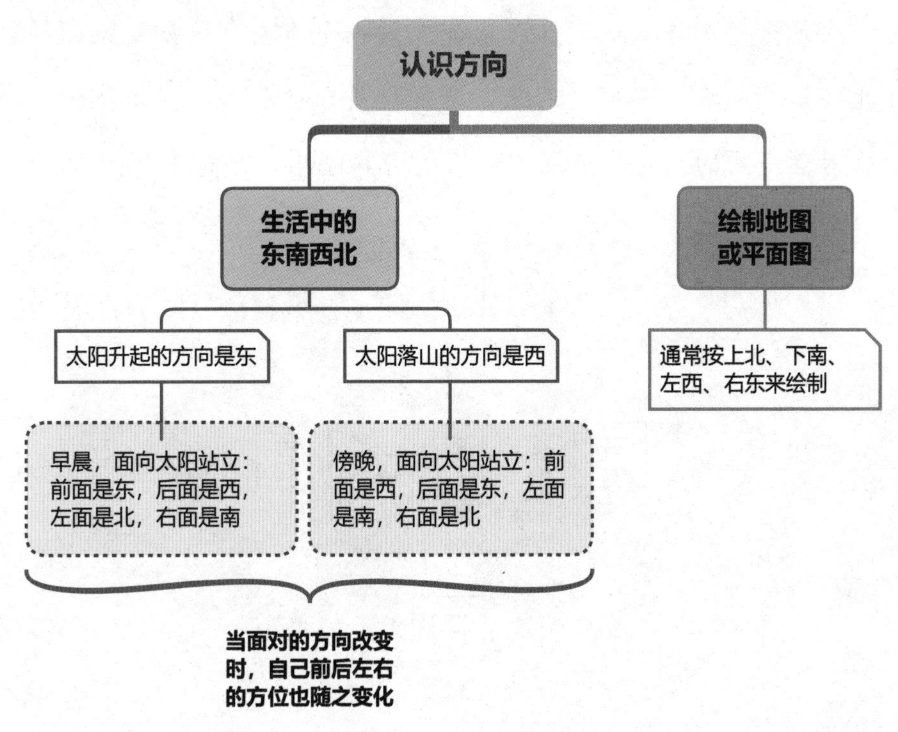

小朋友，你学会辨别方向了吗？试着说一说自己房间里各个方向都有些什么吧。

我们可以自己来制作一个方向板。先拿出一张正方形的纸，横着对折 1 次，竖着对折 1 次，再在折痕的两端填上方向（如下图）。

怎么使用方向板呢？可以先找到一个方向，比如看太阳早上在房间的哪个方向升起来，那面就是东面。把方向板上的东面对着房间的东面，再用方向板看看其他几个方向各有什么。

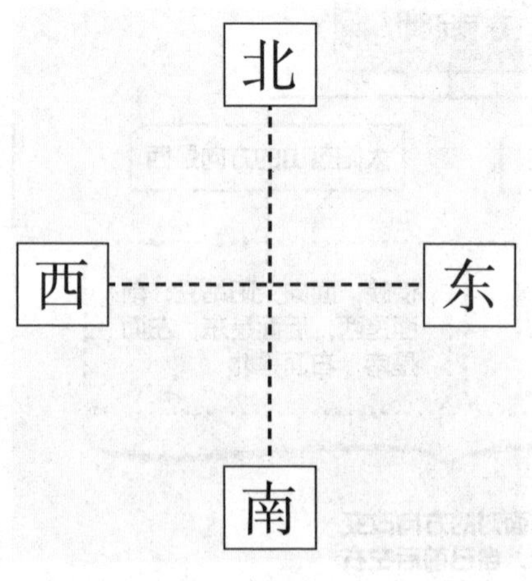

第二章

偶遇小象多多

——认识万以内的数

小兔们跟着江美美，马不停蹄地去寻找幽暗森林的入口，找回生命之源的紧迫感时刻围绕着大家，气氛也变得紧张起来。

他们走了很远很远的路，来到一个三岔(chà)路口时，又饿又累，每个人都昏昏沉沉地搞不清方向了。本来是靠着太阳辨别方向的，可是太阳躲进了云里，大家迷路了。

胖胖兔平时吃的不离手，今天走得着急也没带多少，手里的吃完了，现在饿得前胸贴后背。他第一个倒在地上，挥挥手，有气无力地叹息道："唉，不行了，我再也走不动了。"

包包兔、花花兔挨着胖胖兔一屁股坐在了地上，话都懒得说了。

江美美虽然比小兔高，比小兔强壮，但她也不是铁打的，这时也累得满头大汗，肚子里也是空空的。见小兔们都累倒了，她只能咬牙坚持。她气喘吁吁(chuǎn xū)地说："你们先歇会儿，我去附近看看有什么线索，最好能找点吃的东西。"

"江美美，你快去快回，我们现在算是钉在地上了，想起来也起不来了。"包包兔说的都是心里话，他很想和江美美一起去，但实在太累了，腿已经不听使唤了，只能瘫(tān)坐在地上。

江美美选了中间那条路，打起精神往前走，可是走了一会儿，一无所获。正准备原路返回时，突然听见旁边的草丛里有一阵哭声。她心里有点儿害怕，但还是走了过去，伸头一瞧，一头小象正坐在一辆推车上抹眼泪。

小象看见有人走过来，立即停止哭泣，抹了抹眼睛问："你，你是谁？"

"你好，我是江美美，要到暗黑狼堡去。你是谁？为何在这里哭？"江美美关心地问。

"江美美你好，我是象鼻村的小象多多。我们象村长叫我来运**1000 根小木棒**回去，然后数一数仓库内剩余小木棒的数量，我数了八百遍还是数不清。"小象多多说着说着眼泪像雨点一样吧嗒吧嗒地往下掉。

江美美最见不得别人哭了，她轻轻地拍了拍小象说："别哭，别

哭，或许我可以帮助你。你能带我去你们的仓库看看吗？”

小象多多看着江美美，眼睛闪啊闪的，心想：象村长说过，不能轻易相信陌生人。可我现在很需要帮助啊，到底能不能信她呀？对了，仓库有秘密武器，要是她有坏心眼，仓库里的秘密武器就能帮我。

“好吧，我带你去仓库！”小象多多说完就领着江美美向草丛深处走。

走了一会儿，小象多多停下脚步，江美美也随着停下来。她好奇地看了看四周，这里除了草还是草，哪里有什么仓库。小象不会是骗子吧？她的心七上八下地乱跳，她打起精神，随时准备逃跑。

江美美眼睛一刻也不敢眨地盯着小象多多，只见小象闭着眼睛，嘴里念着什么，然后大喊了一声：“变！”

小象的声音之大，完全超出江美美的想象。她感到树叶在晃动，脚下的地面也在震动。只见一根荧(yíng)光棒出现在空中，然后朝她靠近，眼看就要碰到她，她正准备躲开，这时，小象多多的长鼻子稳稳地接住了荧光棒。

小象多多拿着荧光棒指着一片草丛，说了一句：“现！”一块小象形状的石头赫然显现出来。

接着，他又按了下荧光棒上的按钮，只见荧光棒的一头露出了一个彩色粉末盒。多多走近那块小象石头，用荧光棒里的彩色粉末画了一个符号，喊了一声：“开！”符号亮了起来，脚下传来了“嘀嘀嘀”的声音。不一会儿，小象石头下面的一块草地打开了，一级一级的阶梯呈现在眼前，一直延伸到地下深处，仓库出现了。

小象多多将荧光棒挥了挥，喊了句：“收！”荧光棒就不见了。

哇，小象多多竟然会魔法！江美美惊得嘴巴张得老大。她探着头跟着小象多多走进仓库，边走边哇哇叫：“哇，多多，这个入口好酷呀！哇，多多，这个开关好神奇呀！哇……”

“当然神奇啦，它可是我们象村长精心设计的。只有用荧光棒才能找到位置，画出这个符号，这里的门才能打开。”说到这些秘密武器，小象多多骄傲地昂着头。说着说着，江美美和小象多多已经到了仓库里面。江美美一眼望去，就挪不动脚了——各种各样的东西，吃的，

穿的，用的都有，所有的东西摆放得整整齐齐。这简直就是一个大超市嘛！

小象多多赶紧把江美美拉到存放小木棒的地方。地上的木棒都是一捆一捆地堆放着。小象多多指着一捆木棒说："你看，这一捆小木棒是 10 根，我 **10 根 10 根地数**，还没数到 1000 就数乱了，总也数

数是怎么组成的

数的组成是指一个数由哪些数字组成。例如，数字1234，它的组成是1，2，3和4。在数的组成中，每个数字所在的位置都有一个权值，称为位权。位权是根据它所在的位置来决定的。例如，数字1234中，4的位权为个位，3的位权为十位，2的位权为百位，1的位权为千位。数的组成是数学中一个重要的概念，它涉及了各种进制的数字表述和运算。

数的组成一般有以下几种情况：

1.十进制组成：十进制是指以10为基数的计数系统。十进制组成的数字有0，1，2，3，4，5，6，7，8和9十个数字。

2.二进制组成：二进制是指以2为基数的计数系统。二进制组成的数字只有0和1两个数字。

3.八进制组成：八进制是指以8为基数的计数系统。八进制组成的数字有0，1，2，3，4，5，6，7八个数字。

不同的进位制，处于同一数位上的权是不同的。

不清，你有什么好办法吗？”

江美美盯着这些木棒想了一会儿，说：“多多，你知道几捆是100根吗？”

小象多多指着木棒又数了起来：“10，20，30，40，50，60，70，80，90，100，知道了，**10捆是100根**。”

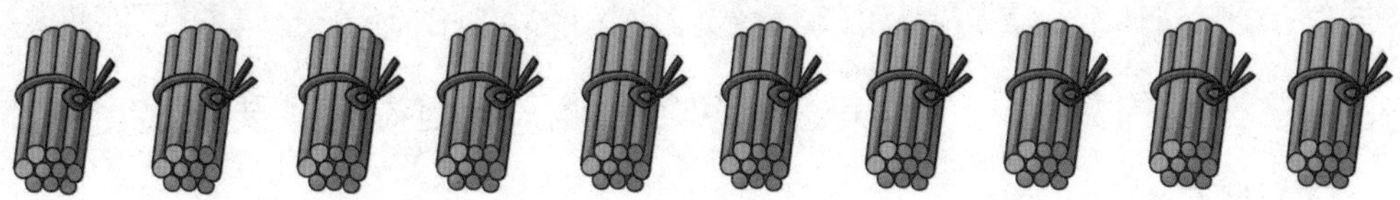

10个十是一百

“对了，**10个十就是一百**。我们先数出10捆，再把这10捆放在一起绑(bǎng)好，那这一大捆就是100根了。照这样10捆绑在一起变成一大捆，我们就可以**一百一百地数**，这样很快就能数出1000根小木棒了。”

听了江美美的方法，小象多多的眼睛变大了，鼻子翘(qiào)了起来，拍手叫好。在江美美的帮助下，小象多多不一会儿就绑好了10大捆小木棒，他们一同数着：100，200，300，400，500，600，700，800，900，1000。

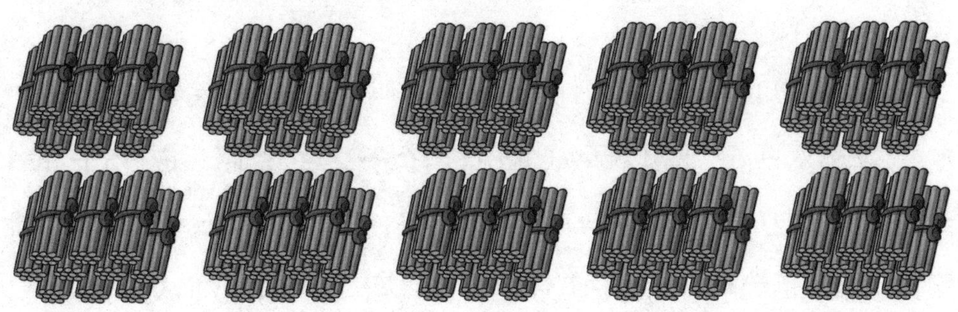

10个一百是一千

“耶！终于数出1000根小木棒啦！”小象多多开心极了，忍不住叫了起来。

有了好方法，小象多多接着去数仓库里剩余的小木棒。小象多多很快数出了3个一千，6个一百，5个十，最后还有零散的4根小木棒。这些合起来是多少呢？小象多多算得脸通红，还是没有算出来，刚才还高高翘起的鼻子这会儿像霜打的茄子一样垂了下来。

这么大的数字，江美美也有点儿为难了。但说好了要帮多多的，她可不愿意就这么放弃。

江美美在仓库里边走边想办法，突然发现角落的架子上有个计数器。她拿起来对多多说：“我们先在计数器上拨一拨吧。”

从右边起，第一位是**个位**，第二位是**十位**，第三位是**百位**，第四位是**千位**。

3个千就在千位拨3颗珠子，6个百就在百位拨6颗珠子，5个十就在十位拨5颗珠子，4个一就在个位拨4颗珠子，合起来就是三千六百五十四（3654）。

“计数器真神奇，有了它的帮助，我一下子就数出来了，仓库里还剩3654根小木棒。”小象多多说完，又默念了三遍数字，以便牢牢记住。

“现在你知道3654是由什么组成的了吗？”江美美笑着问。

“三千六百五十四（3654）是由**3个千、6个百、5个十**和**4个一**组成的。”小象多多自信满满地回答，“哈哈哈！以后数数这个难题再也难不倒我啦！谢谢你江美美，你聪明又善良，我们交个朋友吧，以后有需要我帮忙的事情尽管说。”小象多多开心地说。

“太好啦，多多！我现在就遇到了困难。”江美美把她和小兔们迷路的事情告诉了多多。

“这个包在我身上，我知道该怎样帮助你们。”

“真是太感谢你了！”虽然小象多多没具体说怎么帮江美美，江美美还是像遇到救星一样激动。她帮小象多多推着车，去找小伙伴们。

数学小博士

江美美和小兔们在通往暗黑狼堡的途中迷了路，而江美美在找路时遇到了小象多多。小象多多正为完不成象村长交代的任务而犯愁，助人为乐的江美美帮助小象多多数出了1000根小木棒，以及仓库里剩余小木棒的数量。

江美美告诉多多，要数出1000根小木棒，可以10根10根地数，先数出100根，10个10就是100，把这样的10捆捆在一起变成1大捆，1大捆就是100根。再100根100根地数，10个100就是1000，所以多多只要运走这样的10大捆就可以了。

他们又一起清点了仓库内剩余小木棒的数量。先一千一千地数，再一百一百地数，然后十根十根地数，最后一根一根地数。他们发现有3个千、6个百、5个十和4个一，合起来是三千六百五十四（3654）。三千六百五十四（3654）就是由3个千、6个百、5个十和4个一组成的。

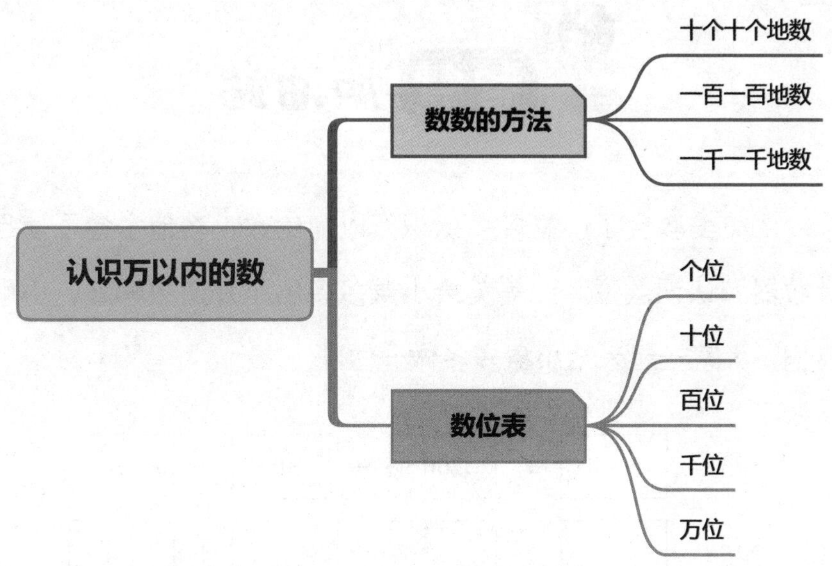
认识万以内的数
数数的方法
十个十个地数
一百一百地数
一千一千地数
数位表
个位
十位
百位
千位
万位

智慧加油站

江美美教会了小象多多认识万以内的数，教他学会了使用计数器和认识数位。江美美给小象多多出了几道数学题，小朋友们，大家一起来帮小象多多做一做吧。

5237=	5000	+	200	+	30	+	7
2458=		+		+		+	
7045=		+		+			
2030=		+					
4005=		+					

温馨小提示

2458=	2000	+	400	+	50	+	8
7045=	7000	+	40	+	5		
2030=	2000	+	30				
4005=	4000	+	5				

第三章

个个都是小老师

——两位数的加法和减法

胖胖兔、包包兔和花花兔休息了一会儿，还不见江美美回来，花花兔担心地说："江美美这么长时间还没回来，不会出什么事了吧？"

"应该没事的，她那么聪明、机灵。"胖胖兔话音刚落，就见江美美一脸兴奋地跑了过来。

"我就是料事如神，说曹操，曹操就到了。"胖胖兔跟包包兔说完，转头对江美美说，"你这么开心，是找到吃的了？咦，他是谁呀？"胖胖兔发现了跟在江美美后面推着一车小木棒的小象多多。

"这是我刚认识的好朋友，叫多多，他会帮助我们的。"江美美又指着小兔们向多多介绍，"多多，他们都是我的好伙伴：包包兔、花花兔、胖胖兔。"

"大家好，我带大家去象鼻村吃东西吧，象村长会帮助你们找到路的。"小象多多热情邀请大家。

路上，江美美把帮助小象多多的过程原原本本地说了一遍。

胖胖兔一边想着好吃的一边听上几句，在听到用荧光棒画符号的时候，忍不住插话道："这个荧光棒是什么神秘武器？听起来好厉害呀。要是用它来画吃的，是不是也能变成真的呀？"

小象多多听了哈哈大笑起来，江美美、包包兔、花花兔看胖胖兔

认真的样子，也都笑了起来。

大家你一句我一句地聊着，不一会儿就来到了象鼻村。他们来到了一座房子前，门前有两只小象在玩游戏。

多多放下推车说："这就是我家，这是我的弟弟乐乐和妹妹嘟（dū）嘟。"

听到多多的声音，两个小家伙跑了过来，奶声奶气地喊着："哥哥，哥哥！"他们扑到多多身上，抱住了多多的腿，要和他玩耍。弟弟妹妹一左一右抱住多多，像长在了多多身上一样。走到家门口，两个小家伙还不下来，多多向左扭扭身体，右边肚子进不去，又向右扭扭身体，左肩膀又被卡住了。没办法，多多只好把两个小家伙轻轻地从身上拉下来，一前一后地走进了家门。

多多的爸爸妈妈正在做饭，看见多多就笑着说："多多回来啦，完成象村长布置的任务了吗？"

"当然完成了！而且我还认识了一群新朋友呢。"多多拉着江美美和小兔们来到爸爸妈妈面前介绍了起来。他把江美美帮助自己完成任务的经过和小兔们遇到的困难都清清楚楚地说了一遍。

多多爸爸和妈妈听完后开心地说："谢谢你们帮助了多多。大家稍等一下，饭马上就做好了，吃完饭多多带你们去找象村长好不好？"

"好啊好啊，我都快饿死了，谢谢叔叔阿姨。"胖胖兔听到要吃饭就忍不住一跳三丈远。包包兔和花花兔也跟着跳的跳，蹦的蹦。

小象乐乐和嘟嘟正缠着多多陪他们玩，小兔们兴奋地闹着，等待吃饭的时间怎么能快点过呢？江美美眼珠一转，有了一个好主意："这会儿等待吃饭的时间，我们去外面玩吹泡泡的游戏吧。"

大家一听玩游戏，立即跟着江美美来到门口。

小象乐乐和嘟嘟吹泡泡可厉害了，泡泡一个接着一个，像糖葫(hú)芦(lu)，一个比一个大，三个挨在一起就吹出一个宝葫芦。乐乐和嘟嘟比完大小，就比谁吹的多。**乐乐吹了46个，嘟嘟吹了31个**，乐乐高兴地对大家说："我比妹妹多吹了很多，我是不是很厉害？"

江美美摸着乐乐的头说："非常厉害！我来考考你，你知道你和妹妹**一共吹了多少个泡泡**吗？"

"把我吹的泡泡个数加上妹妹吹的泡泡个数，就是我们一共吹的个数，列算式就是46+31，加起来是多少呢？嗯……嗯……"乐乐虽然列出了算式，但是嗯了半天也没算出答案来，可怜巴巴地向哥哥多多求救。

“我知道，我知道！”胖胖兔两只耳朵竖得高高的，凑上来说，“乐乐你看，46+31，我们可以**先算 40+30=70**，**再算 6+1=7**，那么 70 和 7 合起来就是 77；我们还可以**先算 46+30=76**，**再算 76+1=77**。你看这样是不是很简单？”

乐乐想了一会儿回答道：“我也想出了一个办法，可以**先算 40+31=71**，**再算 71+6=77**，对不对？”

“乐乐你可真聪明，一学就会！”胖胖兔认真地说。

看到弟弟妹妹们做计算题比吹泡泡还开心，小象多多就让江美美多出点数学题让他们练习。

“乐乐玩得很开心，学得也很认真，我这里还有更难的数学题呢，

你敢不敢挑战呀？”江美美很喜欢聪明的乐乐，她想激发乐乐更高的学习热情。

“敢！”学到新知识，又被夸得美滋滋的乐乐大声应道。

“好，请听题！”江美美清了清嗓子，一本正经地说，“刚刚你吹了 **46 个泡泡，妹妹吹了 31 个**，现在让你出一道**用减法计算**的题，你可以吗？”

乐乐手托下巴认真思考着，这时嘟嘟拉着江美美的衣角喊道：“我会，就是要算嘟嘟比乐乐多吹了多少个泡泡，是不是呀？”

江美美看着嘟嘟笑笑，没有回答，又看看乐乐。乐乐听了妹妹的问题后意识到不对劲儿：“不对，是嘟嘟比我少吹了多少个，或者我比嘟嘟多吹了多少个。”

江美美点点头道：“乐乐你说的很对，那你会列算式计算吗？”

“当然会！就是……”

“我来我来，就是 46−31。”嘟嘟抢着说道，“不过我不会计算，谁能教教我？”

江美美摸摸她的小脑袋说：“我们可以**先算 40−30=10**，**再算 6−1=5**，10 和 5 合起来就是 15；也可以**先算 46−30=16**，**再算 16−1=15**，明白了吗？”

“明白了！”嘟嘟望着江美美，一脸崇拜。乐乐也很开心，鼻子甩来甩去。

旁边的胖胖兔看他们这么聪明，也悄悄为他们出起了题：“乐乐，我这里还有题呢，你要是能做出来就算你厉害！”

沉浸在喜悦中的乐乐当然一口答应。

“听好了，假如我吹了46个泡泡，你吹了35个，那我们一共吹了多少个泡泡？”

“这简单，就是46+35嘛。”

“那等于多少呢？”

“**先算40+30=70，再算6+5=11**，70和11合起来就是81。也可以**先算40+35=75，再算75+6=81**。还可以先算**46+30=76，再算76+5=81**。”

“再接招！我吹了42个泡泡，你吹了35个，你比我少吹了多少个泡泡？”

“42减35，我先算40−30=10，再算2−5……不对不对！”聪明的

退位减法也可以很简单

好多人想如果没有退位运算就简单了。今天就告诉大家一个诀窍——让退位减法变为不退位减法。

以17−9为例，个位数7不能被9减，所以需要进行退位运算。接下来，我们就将17−9变为不退位减法。将17和9都加上1，变成18−10。被减数和减数同时加上相同的数，差不变。经过简单运算后，18−10=8，8就是答案。

100−87如何计算？因为需要进行两次退位运算，不少同学打了退堂鼓。将100和87都加上3，算式变为103−90，得出13。

以上方法让运算变简单了，你学会了吗？

乐乐卡壳了，鼻子不耐烦地甩来甩去。

“胖胖兔，你就不要为难我弟弟了吧。”小象多多出来帮乐乐解围。

“我们可以换种想法，**先算** 42−30=12，**再算** 12−5=7。”江美美也走过来帮乐乐。

“原来是这样算呀！”乐乐思考了一会儿继续说，“我**先算** 42−32=10，**再算** 10−3=7，这样可以吗？”乐乐忐忑（tǎn tè）地望着江美美。

“当然可以，乐乐真是太聪明了，能够举一反三。”江美美真是很喜欢爱思考的乐乐，抱着乐乐的大脑袋亲了一口。

玩得开心，学得快乐，大家都很高兴。“继续呀，你们继续出题。”嘟嘟还不停地催江美美和小兔们出题。这时一个声音响起：“吃饭啦！”听到大象妈妈的喊声大家才觉得，肚子在咕咕叫了。

大家手拉着手，开开心心地去吃饭了。

数学小博士

小象多多带着江美美和小兔们来到了象鼻村，多多的爸爸妈妈正在准备晚饭，小伙伴们就先玩起了游戏。在游戏中，大家学会了两位数的加、减法的口算，边玩边学，可开心了。江美美整理了一张知识要点图，给乐乐和嘟嘟学习使用。

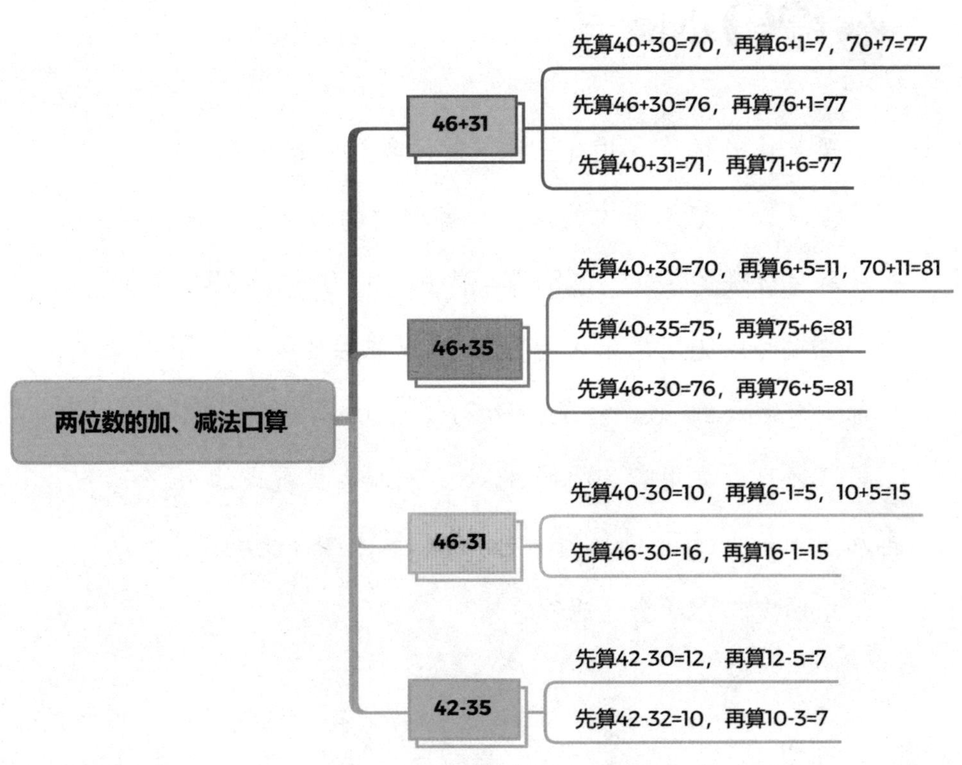

胖胖兔还出了别的题目，可是没来得及做，就要去吃饭了。我们一起来挑战一下吧。

小象乐乐吹了 55 个泡泡，嘟嘟又吹了 36 个泡泡，后来被胖胖兔戳(chuō)破了 18 个，最后还剩多少个泡泡?

要算这道题，一共有三种方法，我们一起来看看吧。

①可以先把乐乐吹的泡泡和嘟嘟吹的泡泡合起来，再减去被胖胖兔戳破的 18 个：55+36=91（个），91−18=73（个）。

②也可以先用乐乐吹的 55 个泡泡减去被戳破的 18 个泡泡，再加上嘟嘟吹的 36 个：55−18=37（个），37+36=73（个）。

③还可以先用嘟嘟吹的 36 个泡泡减去被戳破的 18 个泡泡，再加上乐乐吹的 55 个：36−18=18（个），18+55=73（个）。

小朋友，你学会了吗?

第四章

04

噼里啪啦小算盘

——用算盘表示数

吃完饭，嘟嘟吵着还要和乐乐玩吹泡泡游戏，要计算谁吹的多，多吹了多少，谁吹的少，少吹了多少，还要哥哥多多当裁判（cái pàn）。

江美美看向小象多多，担心他忘记了之前说过的话，毕竟小象请他们吃饭就已经很帮忙了。只见小象多多走到乐乐和嘟嘟身边说："你们两个真是好宝宝，爱玩游戏，又爱学习，太棒了。"小象说到这里回头看了看江美美和小兔们，然后接着说，"你们在家先帮妈妈搬小木棒，100 个小木棒放一堆，等我回家了，我们一起数，看谁搬的小木棒最多。"

江美美听了小象多多的话，眼神里充满感激。

安排好弟弟妹妹，小象多多一行人来到了象村长家里。小象多多把小木棒一堆一堆放好，并把荧光棒拍下的仓库的照片投影到了墙上，自信满满地让象村长验收。

象村长看了一眼小木棒，随即拿出一个装有一粒粒珠子，珠子还可以随意移动的工具，在上面噼（pī）里啪啦地拨了起来。不一会儿，他眯着眼点头赞道："嗯，这次任务完成得很出色，多多很能干！"

村长的夸奖让小象多多有些不好意思，他害羞地说："是江美美帮我的。村长，您手里拿着的是什么呀？"

“这个看着好好玩。”胖胖兔也凑了过去，好奇地摸了摸。

“这个可是我的宝贝，你们猜猜看。”象村长骄傲地拿着他的宝贝在大家面前晃了晃。

“这个，我好像在哪里见过。哦，我想起来了，是算盘，我在书上见过。”江美美第一个抢答。

“江美美猜的对吗？还有其他人猜吗？”象村长边问边拨动着珠子说，“早在 1000 多年前，就有人开始用它计数和算数了。”象村长还念出了一串顺口溜。

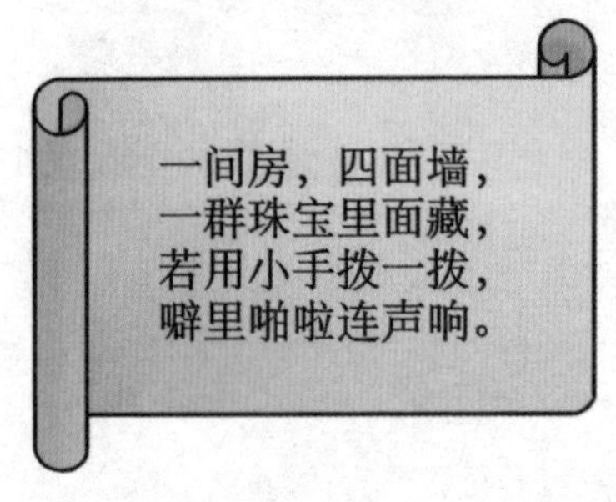

“谜语都出来了，可谜底还没说出来呢！”胖胖兔有点儿等不及了。

“江美美猜对了，谜底就是算盘。”象村长笑呵呵地说。

“这算盘怎么用啊，这一颗一颗的珠子有什么作用呢？”花花兔有个头环，上面也有一颗颗的珠子。

“多多，帮我搬张凳子来，我坐下慢慢给你们说说怎么用。”象村长脸上的皱(zhòu)纹像朵朵盛开的菊花。

多多飞快地找来板凳，象村长坐在中间，多多、江美美和小兔们围着象村长席地而坐。大家都竖起耳朵，等着听象村长讲算盘的用法。

“咳咳！”象村长清了清嗓子，指着手中的算盘说道，“你们看，这外面的一圈是**框**，中间这一条是**梁**，竖着的是**档**，梁上面的珠子叫**上珠**，梁下面的珠子就叫……”

框
梁
档
上珠
下珠

“叫**下珠**。”胖胖兔抢着说道。

“对，**1个下珠表示1个数，1个上珠表示5个数**。接下来我要考考你们，”象村长说，“准备好了吗？”

“准备好了！”大家齐声回答，个个摩拳(mó quán)擦掌。

“我有四条边，最爱帮助人，不让珠乱跑。这是什么呢？”象村长问。

“村长，是——框！”包包兔故意拖长声音回答。

象村长点点头，又出了一道题：“里面只有我，本领却很大，一个可顶五。这又是什么呢？”

“上珠！”花花兔抢着说。

“我只有一根，横在框里面，管住上下珠。这个说的是什么？”象村长笑着看向大家。

“梁，梁，梁！”知道答案的胖胖兔差点儿跳起来。

“我有许多根，穿着小珠子，噼里啪啦响。谁知道这个是什么？”象村长看到大家这么兴致高昂，紧接着又提问。

“这个是档！”小象多多终于抢到了一次机会。

“嗯，看来大家学得都挺认真！”象村长捋(lǚ)了捋胡须继续说，“我这个是**七珠算盘**，就是每档有 2 个上珠，5 个下珠。还有一种算盘，叫作**五珠算盘**，每档有 1 个上珠，4 个下珠。算盘从右边的档开始算，单位依次是个、十、百、千……现在我们用七珠算盘来计数，大家要注意听啊。”象村长就像正在讲课的老师一样。

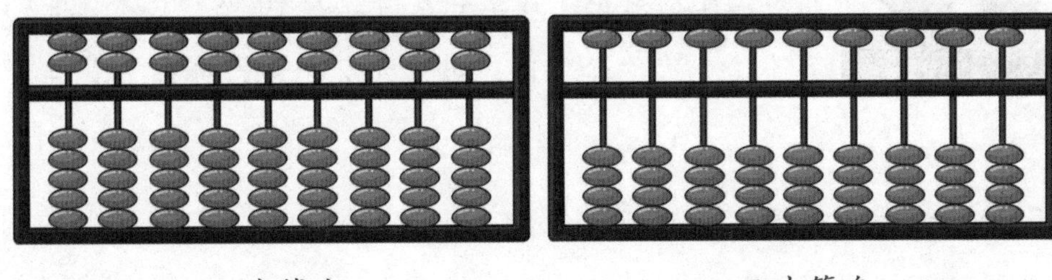

七珠算盘　　五珠算盘

“请看清楚，我计数时，是用大拇指和食指拨珠靠梁。”象村长边说边拨出了一个数，“你们知道这是多少吗？”

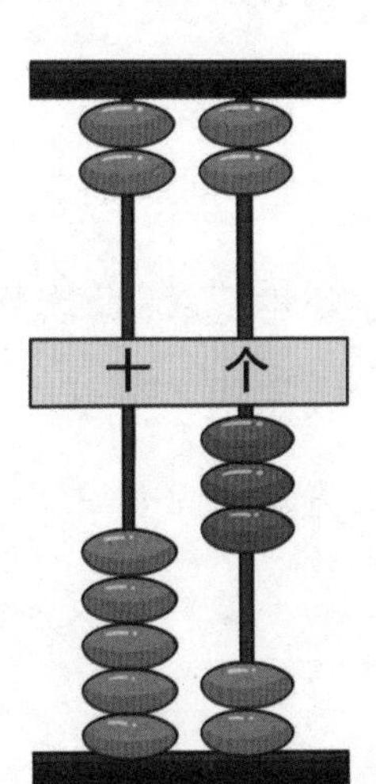

“是 3 吧。”多多小声说，显然不够自信。

“我也觉得是 3，因为个位上拨了 3 个下珠，象村长说 1 个下珠表示 1，那 3 个下珠就是 3。”包包兔也跟着回答。

“我也知道是 3，这太简单啦！”胖胖兔叫嚷(rǎng)着，“村长您出个难点儿的吧！”

“请看，这是多少？”象村长又拨了几下。

大家都盯着算盘开动脑筋思考着。

“我觉得是 26。”花花兔第一个出声，“胖胖兔，你觉得呢？”

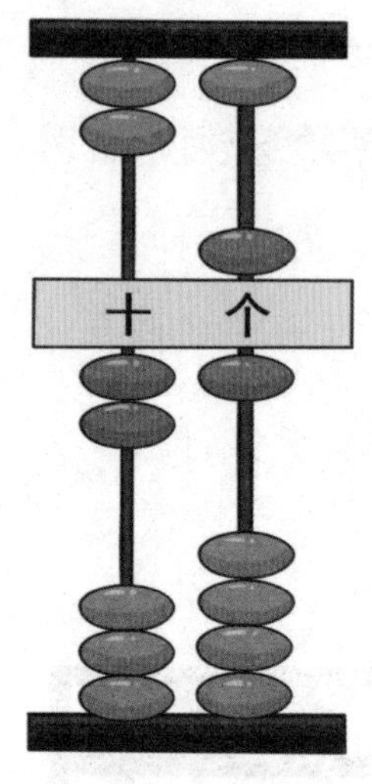

“嗯……应该是 26 吧。”胖胖兔也不太确定，迟疑地说出了自己的答案。

“那你说说为什么是 26？”花花兔突然想考考胖胖兔，看他是不是又在想吃的了。

“这个嘛，反正就是 26！”胖胖兔开始耍赖（lài）了。

包包兔笑着接过话：“胖胖兔，你就干脆承认不知道吧。算盘个位上有 1 个上珠和 1 个下珠就是 6，十位上有 2 个下珠，就表示 2 个十，就是 20，合起来就是 26。”

象村长微笑着说：“大家说的都很好。这样吧，我们先来从 1 数到 18，一个一个地数，边数数边拨珠。江美美你来拨吧。”

江美美接过算盘，开始拨 1，她拨一下，其他人就读出数字。读完胖胖兔又高兴起来：“哦，这下熟悉多了，象村长您出题，我准备好接招了。”

“别急别急，再**一十一十地数**，从 280 拨到 350，胖胖兔，这次你来拨。”在象村长的要求下，胖胖兔有点儿不好意思地接过算盘，他拨得很不熟练。象村长在旁边一点一点教他，胖胖兔拨拨改改的，总算完成了任务。

象村长又发话了：“多多，你的小木棒是 100 根一捆吧，在算盘上一边拨一边数，你能**一百一百地数到 1000** 吗？”

“这个……我试试吧。”多多说着拿起算盘走到小木棒旁边开始数了起来，其他小兔就在旁边监督（jiān dū）着。没一会儿，多多就清点好了。

“嗯，看来大家已经对算盘很熟悉了。”象村长捻（niǎn）着胡须说，“下面我说一个数，看谁能来拨得又对又快。”

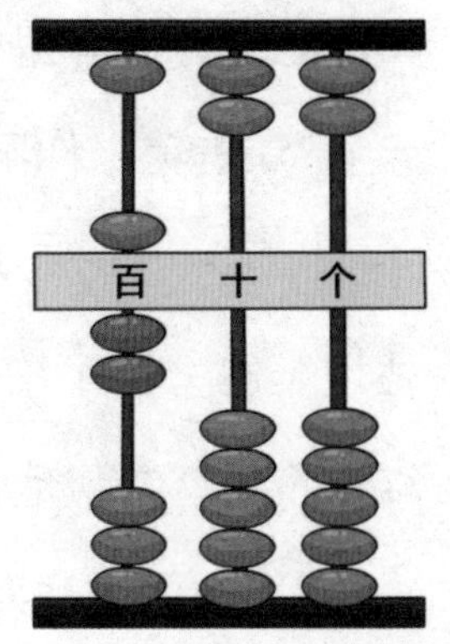

“没问题！象村长请说！”胖胖兔自信地高声喊道。

“700。”象村长话音刚落，大家纷纷举手喊着：“我来，我来！”

“多多你先来，再说说你是怎么拨的。”

多多边拨边说：“**700 就是 7 个百**，所以我在百位拨 **1 个上珠就是 5 个百**，**再拨 2 个下珠**，**合起来就是 7 个百**。”

多多话音刚落，就响起了一阵掌声，大家都觉得多多很厉害。

“下一题，拨个 208 吧。”村长想出了一个比较难拨的数字。

胖胖兔却不怕困难，举起手，村长看到后点了他的名字，他马上冲了过来。

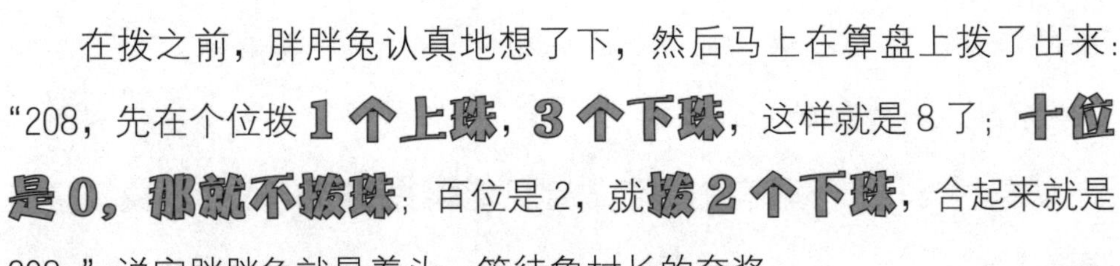

在拨之前，胖胖兔认真地想了下，然后马上在算盘上拨了出来：“208，先在个位拨 **1 个上珠**，**3 个下珠**，这样就是 8 了；**十位是 0**，**那就不拨珠**；百位是 2，就**拨 2 个下珠**，合起来就是 208。”说完胖胖兔就昂着头，等待象村长的夸奖。

“拨对了，而且挺快。”象村长边说边点头。

象村长的头轻轻一点，胖胖兔就蹦了出去，嘴里还兴奋地哇哇直叫。

江美美没那么高兴，她的心里想着另外一件事呢，一件很重要的事。她不像胖胖兔，遇到一点儿事情就兴奋得忘乎所以。

“江美美，你不大开心？”花花兔悄悄地坐到江美美身边轻轻地问。

“呃……”江美美刚想说，抬头看了看小象多多，只见多多鼻子猛地一甩，用手拍了一下头，朝象村长走去：“村长，小兔们遇到了困难，希望您帮帮他们。”

“什么困难也难不倒我这一把算盘。”象村长脑子里全是算盘，简直就是钻进算盘珠子里去了。

“不……不是算盘的事。”多多着急地说。

“尊敬的象村长，这次您的算盘帮不上忙。我们要去暗黑狼堡，到了三岔路口就迷路了，不知道该选哪条路，请您帮我们指出正确的方向。”江美美也很着急，但她担心自己一着急就紧张，一紧张就说不清楚了。她使劲握着拳头，努力使自己冷静下来。

“啊？这可难住我了，我也不认识暗黑狼堡啊。”象村长捻着胡须说。

听了象村长的话，小兔们个个都耷(dā)拉着耳朵，心情也变得沉重了。

沉默，一片沉默。

“象村长，您不是有个神奇的宝贝能**识别方向**吗？”小象多多提醒道。

“对呀，我怎么把这个给忘了。”象村长说着转身进了屋。不一会儿，象村长走出来，手里多了一个东西：“这是**指南针**，可以辨别方向。指南针，顾名思义，**指针指向的一端就是南，南的对面就是北**。”

“找到方向啰，耶！”包包兔和胖胖兔开心地跳起来。

象村长把指南针递给江美美，说："在野外，没有指南针，还有其他方法可以辨别方向。比如可以通过**观察树的年轮**来辨别方向。树的年轮较稀疏（xī shū）的一面指向的是南方，较密的一面指向的是北方。如果是在晚上，还可以通过**观察北斗七星和北极星**来辨别方向，北极星指的方向就是北方。"

"哇！原来您大肚皮里装的全是知识呀，您真厉害！"小象多多非常敬佩地看着象村长的大肚皮说。

"谢谢！有了您的指南针和识别方向的办法，我们肯定能找到正确的方向。"大家都向象村长道谢。

时间紧迫，江美美和小兔们不敢逗留。他们立即向象村长和多多道别，然后向暗黑狼堡快速前进。

算盘的起源

算盘起源于中国，是中国古代的一项重要发明。最早的算盘由10个算珠穿成一组，一组组排列好，放入框内，使用时拨动算珠进行计算。在古代，人们面对农业、商业中的难题，不得不借用简单的计算工具。久而久之，算筹取代了手边随意捡拾的石子与兽骨，算盘又取代了算筹，七珠算盘又取代了五珠算盘。算盘承载着古老算学的一种特殊计算方法——珠算，不仅能够进行基础的加减乘除四则运算，还能够乘方与开方，是我国古代的"计算器"。

数学小博士

小象多多去找象村长进行任务验收，象村长用算盘清点了小木棒。小伙伴们对算盘非常好奇，向象村长学习了算盘的知识，还学会了怎么拨算盘。让我们一起回顾一下吧。

算盘外面的一圈是框，中间一条是梁，竖着的是档，上面的珠子叫上珠，下面的珠子叫下珠。另外，算盘上的单位从右边开始算起，最右边的档表示个位，由右向左，单位依次增加。算盘分两种：每档 2 个上珠、5 个下珠的是七珠算盘；每档 1 个上珠、4 个下珠的是五珠算盘。

算盘可以用来计数，计数时要拨珠靠梁，即往梁的方向拨，也就是下珠往上拨，上珠往下面拨。

1 个下珠表示 1，1 个上珠表示 5。比如要拨 126，就可以在个位拨 1 个表示 5 的上珠和一个表示 1 的下珠靠梁，十位拨 2 个下珠靠梁，百位拨 1 个下珠靠梁，这样合起来就是 126。

象村长还找出了指南针，又告诉江美美和小兔们辨别方向的办法。

大家学会了两种在野外辨别方向的办法：①通过观察树的年轮来辨别方向，树的年轮较疏的一面朝南，较密的一面朝北；②通过观察北斗七星和北极星来辨别方向，北极星所在的方向就是北方。

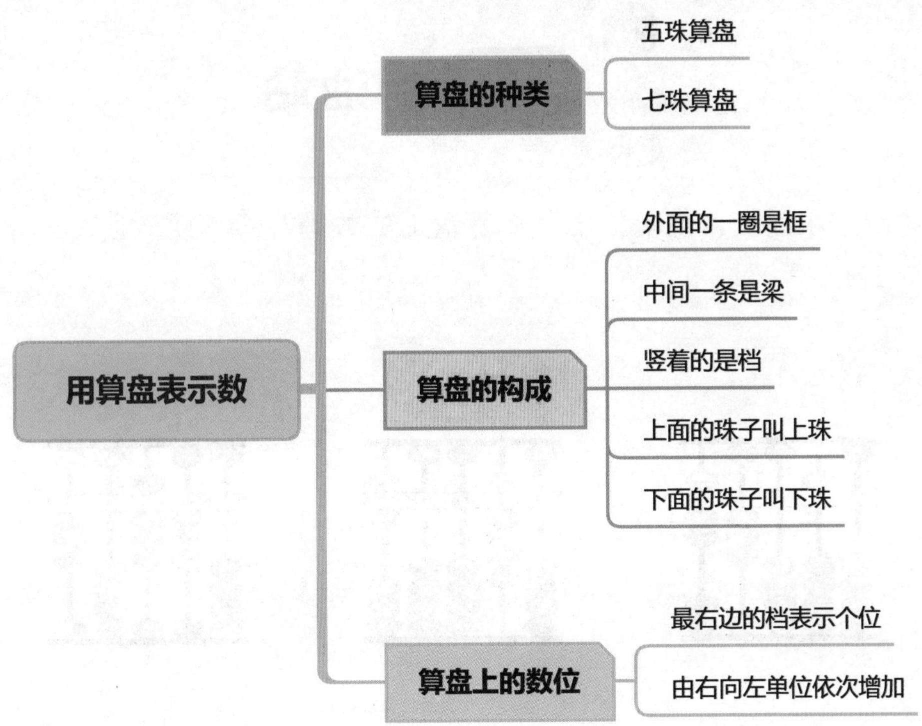
用算盘表示数
算盘的种类
五珠算盘
七珠算盘
算盘的构成
外面的一圈是框
中间一条是梁
竖着的是档
上面的珠子叫上珠
下面的珠子叫下珠
算盘上的数位
最右边的档表示个位
由右向左单位依次增加

小朋友，你能读出下面算盘上的数吗？请你读一读，写一写。

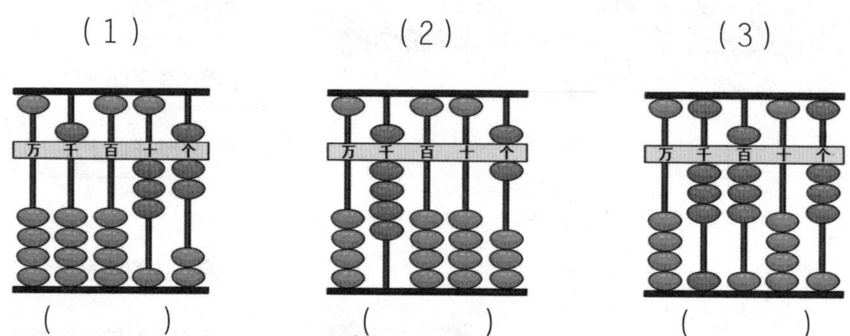

（1）5037，读作：五千零三十七

（2）9006，读作：九千零六

（3）3803，读作：三千八百零三

05

第五章

崖边遇难题

——有余数的除法

江美美和小兔们马不停蹄地赶路，终于来到了幽暗森林。

幽暗森林正如它的名字一样，幽深而黑暗。有没有路，路在哪里，这像谜一样摆在大家面前。

怎样才能穿过这片森林呢？大家急得像热锅上的蚂蚁——团团转。这时，包包兔找到了一条通往幽暗森林深处的隐蔽小路。走近才发现在树木的掩盖下有一条羊肠小道，于是，大家沿着这条小路继续往暗黑狼堡前进。

大家找到幽暗森林，十分开心，忍不住闲聊起来。胖胖兔第一个说话，因为他发现森林里的东西太好吃了："包包兔，这幽暗森林虽然名字听上去很恐怖，但一路走来却一个坏蛋也没碰到，而且这里的树还能结面包，这面包还很好吃，都快赶上青草蛋糕了呢！"

包包兔担心地说："你什么时候都不忘记吃，走路时小心点，别光顾着看吃的，记得看看脚下。兔村长说了，幽暗森林地形复杂，悬崖遍布，一不小心就说不定掉到什么地方去了！"

话音未落，只见一道深不见底的悬崖突然出现在了眼前。大家立马停住了，只有胖胖兔没"刹(shā)住车"。眼看胖胖兔要像一个毛球一样滚下悬崖，花花兔吓得不敢喘气，包包兔吓得嘴巴张得老大。

江美美见状，急忙向前一扑，抓住了胖胖兔的腿，终于把胖胖兔从悬崖边拉了回来。

胖胖兔急转身抱住江美美："吓死我了，我差点儿就掉进悬崖下面的河里喂鱼了。"胖胖兔的腿不停地抖动着。

"胖胖兔，为了救你，江美美的膝盖都磕(kē)破了。"花花兔一边帮江美美清理伤口一边埋怨着。

"我们得想办法过去。大家在这附近仔细找找，幽暗森林地图上标示这附近有座桥。"江美美忘了疼，一心想着快点到达暗黑狼堡。

"大家快看，前面果然有座桥，我能看见桥头，但好像这桥有点儿问题……"包包兔后腿一蹬，跳到树上，果然是站得高看得远，他看到不远处的悬崖边有一座桥。

"桥有没有问题，咱们过去看看就知道了。"胖胖兔刚准备一马当先冲过去，突然想起江美美刚才悬崖勒"兔"的经历，于是变得小心起来。

大家小心翼翼地走到桥的旁边一

看，原来这是一座浮桥。可是只剩一个桥头了，桥的另一端已被砍断。桥头还竖了块牌子，上面写道：“小兔们，找到这里不容易吧。现在本大王通知你们，游戏结束，你们可以回家了。”

“可恶，谁把桥砍断的？”胖胖兔不满地嘀咕。让大家觉得奇怪的是，写牌子的人怎么知道来过桥的是他们一群兔子呢？

“什么？你们问我谁把桥砍断的？好吧，既然你们诚心诚意地问，

那我就诚实地告诉你们吧，就是本大王砍的。还想到我的城堡来，做梦吧！哈哈哈……”可怕又狂妄(wàng)的声音回荡在空中。

“可恶的魔狼王，我一定要揍扁你！”包包兔握紧了拳头，恶狠狠地说。

“要揍他，也得先过悬崖呀。怎么办？悬崖这么高，我们肯定过不去呀……”胖胖兔一脸沮丧(jǔ sàng)。

“胖胖兔你别担心，我们一定会找到办法的！”花花兔安慰胖胖兔。

“有办法了！”江美美忽然想起出发前兔村长的叮嘱，拍手道，“幽暗森林里的猴族族长孙空空是村长的好朋友，咱们遇到困难可以去找他帮忙！”

“对呀！”小兔们又活跃起来，他们开始在周围找猴族可能居住的地方。找呀找，大家看到有一棵大树，特别大的大树，这棵大树枝丫蔓延(màn yán)，最适合猴子攀(pān)爬玩耍。上面有很多果子，却看不见一只猴子。难道找错了地方？江美美心里嘀咕着。等走近一瞧，她不由得大笑起来。原来在这棵大树下，一群猴子正对着一堆栗子抓耳挠腮呢。

“打扰了，请问哪位是孙空空族长？”江美美走到猴群中问道。

猴子们你看看我，我看看你，谁也没说话。

“我是兔村的江美美，噜噜兔村长说孙空空族长是他的好友，有困难可以找他帮忙。现在我们要去暗黑狼堡，可是过悬崖的桥被魔狼王砍断了，想请孙空空族长帮忙。”

“原来是这样呀，我就是孙空空，过悬崖对我们猴族来说小事一桩(zhuāng)，只是……”孙空空族长说到这里，脸色变得严肃起来，用忧虑的眼神看了看江美美他们，又看了看猴子们，“只是，现在我们被一个问题难住了，一时腾不出人手。”

“是火烤栗子的事情吗？”江美美读过火中取栗的故事，心想这一群猴子估计不敢自己火烤栗子，刚才看到他们对着一堆栗子发愁时就忍不住想笑。

“不是，不是火烤栗子的事。”孙空空族长苦着脸摇摇头。

“是什么事把你们猴族所有人都难住了？”胖胖兔觉得有点儿不可思议。

“这个问题呀，说来话长。”孙空空族长低着头沮丧地说。

“孙族长您说说是什么问题，也许我们可以帮忙。”花花兔一向乐观，也最会安慰人，她轻声细语地问道。

孙空空看了看花花兔，又看了看江美美，想起噜噜兔村长常说的

一句话：有问题大家一起解决。他咽了一下口水，决定把难题说出来："前几天我们采了**83个栗子**，需要**平分给每户人家**。猴族一共有9户人家，一开始大家一个一个地分，分到后面发现，**怎么分大家都不能获得一样的个数**。现在大家都只能看着这些栗子干瞪眼，谁也没想出分栗子的好办法。你们看，这事不好办吧？"

"孙族长，我会分！"胖胖兔手举得老高，可他个子矮，生怕大家看不见，就跳到前面说，"我列个竖式计算一下就知道结果了，

生活中的除法

有余数的除法在生活中有很多实际应用，如超市购物、物品分配等等。假如两个人需要平分5个橙子，按照有余数的除法方式，每个人可以先拿到2个橙子，还剩下1个橙子，再按照某种规则再次分配，比如可以采用抽签或者轮流选择等等，这样能够保证每个人都得到橙子，而不会出现浪费或者不公平的情况。

此外，在数学和物理中，余数也有重要的意义。比如，在模运算中，我们需要计算一个数除以另一个数的余数，例如 $12 \bmod 5 = 2$，表示$12 \div 5$后余2，这样能够方便地进行一些计算，如密码学、通信系统等等。

总之，有余数的除法在生活和学术方面都有广泛的应用，它能够带给我们更多的灵活性和创造力。

83÷9=8……1。89 里面最多有 8 个 9，所以每家最多分 8 个栗子，还余下 1 个栗子。”他在前面空地上用小树枝写下一个竖式。

83÷9=8……1

“胖胖兔你真聪明，一下子就算出来了。”孙空空族长听了这个结果开心极了，马上准备按照胖胖兔算出来的结果给大家分栗子。

“孙族长，那个，我还有一个请求……”胖胖兔不好意思道，“就是那余下的一个栗子能给我尝尝吗?”

“当然可以。来，孩子们，咱们就这么分吧！”孙族长道。

“等一等！”江美美说，“胖胖兔你算错啦。”

“啊?”胖胖兔马上重新看了一下自己列的算式，“我知道啦！是余 11，这下对了吧，哈哈！”胖胖兔改完竖式就跳到江美美面前，等着她的夸奖，谁知，江美美的头摇得像拨浪鼓。

83÷9=8……11

$$\begin{array}{r} 8 \\ 9\overline{)83} \\ 72 \\ \hline 11 \end{array}$$

小朋友，想一想这个竖式对不对?

“没错呀，这次算得可仔细了。”胖胖兔又看了看算式。

“**余数应该比除数小**，你算的余数 11 比除数 9 大，肯定不对，你重新背一背 9 的乘法口诀就知道了。”胖胖兔刚开始背得还挺流畅，可背到 9 就慢了下来。在江美美的带领下，大家一起背起了 9 的乘法口诀。

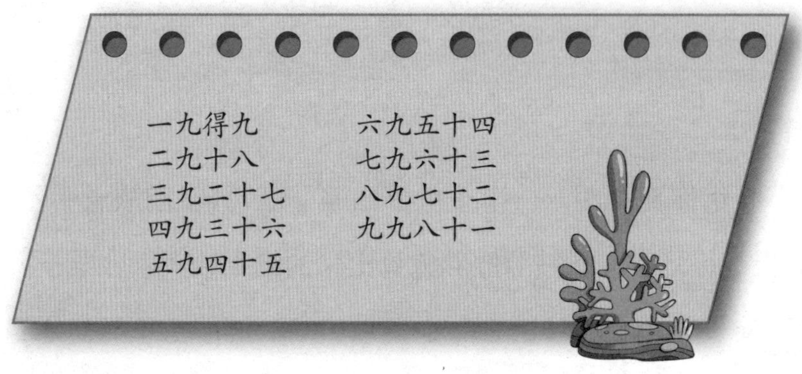

“可以背到九九八十一的。”胖胖兔恍(huǎng)然大悟，“那商应该是 9，余 2。”

$$83 \div 9 = 9 \cdots\cdots 2$$

$$\begin{array}{r|l} & 9 \\ \hline 9 & 83 \\ & 81 \quad \cdots\cdots 9 \times 9 = 81 \\ \hline & 2 \quad \cdots\cdots 83 - 81 = 2 \end{array}$$

江美美点点头：“嗯，这下对了。其实我们**可以用乘法进行验算**，用**商乘除数再加上余数**，结果跟被除数相同的话，就证明结果是正确的。”

$$83 \div 9 = 9 \cdots\cdots 2$$

$$\begin{array}{r} 9 \\ 9\overline{)\,83} \\ 81 \\ \hline 2 \end{array}$$

验算：

$$\begin{array}{r} 9 \\ \times\quad 9 \\ \hline 81 \\ +\quad 2 \\ \hline 83 \end{array}$$

“你们可真厉害呀，这么快就解决了我们的问题，谢谢！剩余的 2 个栗子送给你们，我把这树上的果子摘一些给你们做路上的干粮。”孙空空族长高兴地说。

“谢谢孙族长，还有，请族长帮我们过悬崖吧！”胖胖兔真是快人快语。

“这个嘛……”孙族长捋（lǚ）着自己的胡子，像是遇到一个大难题。

看到孙族长这个神态，包包兔瘫坐在地上。花花兔上前，一会儿摸摸包包兔的前胸，一会儿又拍拍他的后背，好像包包兔得了重病，快不行了。

孙族长突然一转头，朝正在玩耍的小猴子们招了招手，一群小猴子蹦蹦跳跳地跑了过来。

包包兔见状立即起身站了起来，花花兔则躲到包包兔的身后，只探出个脑袋，只见孙族长在小猴子耳边小声嘀咕了半天。

小猴子们听了孙族长的话，像得到指令的士兵一样，刚才还闹哄哄的，一下子安静了。孙族长带着大家来到悬崖边，小猴子们一个接着一个，首尾相连地挂在崖边的一棵大树上，然后像荡秋千一样把江美美和小兔们一个个送了过去。

“孙族长，等我们回来！果子太好吃啦！”悬崖那边传来胖胖兔兴奋的声音。

数学小博士

名师视频课

江美美和小兔们来到悬崖边，发现桥被魔狼王砍断了。他们去找猴族的孙空空族长帮忙。孙空空族长和小猴子们正在为分栗子而犯难：83 个栗子平均分给 9 户人家，该怎么分呢?

最后小兔们大显身手，用除法帮忙解决了猴子平均分栗子的问题。

83 里面最多有几个 9，可以列式 83÷9，通过背除数 9 的乘法口诀确定了商应该是 9，并余 2。现在小猴子们会计算有余数的除法啦。特别要注意的是，有余数的除法中，余数一定要比除数小才行。

小朋友们，你们知道怎么算有余数的除法了吗？知道怎么验算了吗?

对了，就是把商和除数相乘再加上余数，看看得数是不是跟被除数相同，相同的话就是算对了，不同的话就说明有错误。如果算错了，记得重新检查自己哪一步出问题了。

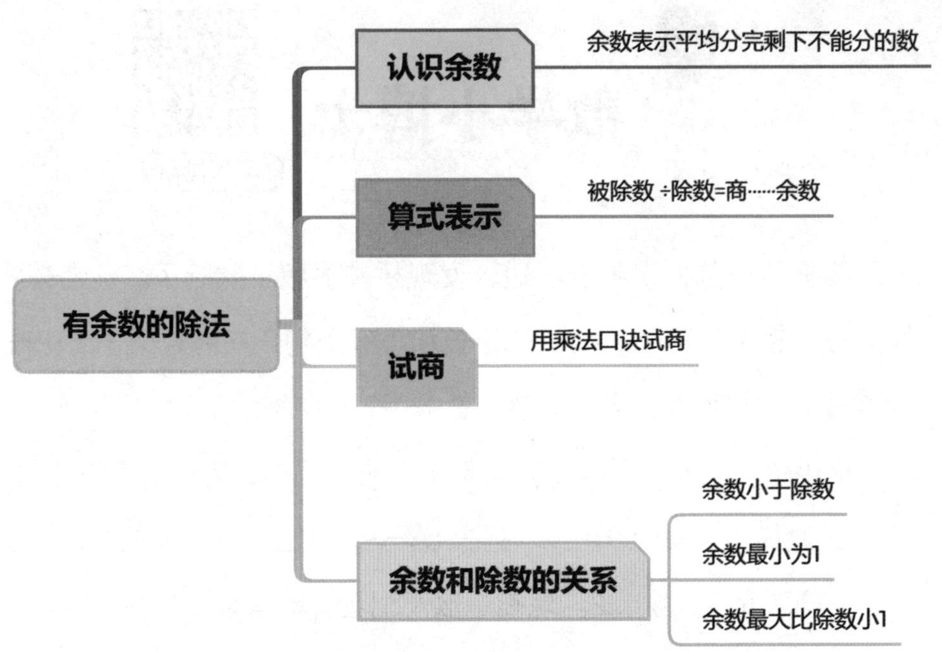
有余数的除法
认识余数
余数表示平均分完剩下不能分的数
算式表示
被除数 ÷除数=商……余数
试商
用乘法口诀试商
余数和除数的关系
余数小于除数
余数最小为1
余数最大比除数小1

小朋友们，根据给出的商和余数，你能在空格中填入合适的数，补充完整下列算式吗？试着多列几种吧！

□ ÷ □ = 3……1

□ ÷ □ = □……2

小朋友们可以先选择一个除数，再用除数去乘商，然后加上余数，就能知道被除数是多少啦。答案有很多种哦。

第六章 06

蚂蚁军团大战魔狼王

——比较数的大小

过了悬崖，包包兔很快找到了一条幽（yōu）长的小道。为了赶路，小兔们在小道上往前蹦的蹦，跳的跳，江美美只能一路小跑跟着大家前进。

还没走到尽头，突然前方传来了魔狼王的声音："我们暗黑狼堡岂是你们随随便便就能进来的！"话音刚落，两堆木块从天而降，挡住了他们的去路。

"想过去也可以，只要你们能**比较出这两堆木块哪一堆多哪一堆少**，路自然就会通了。你们就在这儿慢慢数吧，我要回去睡大觉啦，哈哈哈……"魔狼王狂妄的笑声好像幽灵一样回荡在空中。花花兔听了不由得打了个寒战。包包兔上前去观察木块。

胖胖兔忍不住哭了起来："完了，数到猴年马月也数不完呀，我再也吃不到草原的青草蛋糕了，呜呜呜……"

正在大家一筹（chóu）莫展时，地上传来了很细小的声音。大家仔细寻找，终于在路边的一棵小草下面，看到了一只小蚂蚁。

小蚂蚁看着这群愁眉苦脸的人，忍不住问："你们好呀，我是方方。你们看起来很沮丧，是遇到了什么问题吗？"

江美美刚想低头和小蚂蚁说话，突然看到了什么，发出一声尖叫，连忙往后退了三步。

胖胖兔赶忙上前查看，只见一条毛毛虫正在地上爬。

“哈哈哈，江美美被毛毛虫吓成这样了。”胖胖兔不能理解，大笑起来。

花花兔瞪了胖胖兔一眼，胖胖兔才止住了笑声。花花兔蹲下对小蚂蚁说：“你好，方方，我们来自悠悠草原，现在要去暗黑狼堡，夺回原本属于我们的生命之源。但魔狼王用两堆木块堵住了路，我们只有

生活中的万

让我们来看看生活中用万计数的例子吧。

标准的体育馆有5000个座位，1万个座位相当于2个体育馆，10万个座位相当于20个体育馆。

硬座车厢一般有118个座位，1万人乘坐的话，火车车厢大概要85节，10万人乘坐需要850节车厢。

1万棵树的面积约为10万平方米，就是150亩地。10万棵树的面积就是100万平方米，占地面积1500亩。

1万粒大米有833克，成年人每餐吃200~300g米饭，1万粒大米够一个成年人吃一天。如果把这1万粒大米数一遍，假设每秒数2粒（这个速度已经很快了），那么全部数完需要83分钟。10万粒大米数一遍需要830分钟。

比较出两堆木块的数量之差才能继续前进。可是木块实在太多了，我们这几个人怎么数也数不过来。你能帮我们吗？”

“数木块？小意思，这个我能搞定！”小蚂蚁信心十足地说。

只见他转身向后吹了声口哨，不一会儿，一大群小蚂蚁就被召唤了出来。

小蚂蚁们听方方的指令，训练有素地散开，每只蚂蚁背上背着一个木块，再按照木块堆的左右分边站好。这样一来，大家只要比一比左右两边蚂蚁的数量就可以知道木块的多少了。

小蚂蚁们站好了位置，大家本来觉得可以解决问题了，可是仔细一看，又开始发愁了。

胖胖兔忍不住说:“木块是静止的不好数，现在蚂蚁是活动的，更不好数了，除非蚂蚁自己会数数，自己报数。”

“蚂蚁能走，可以像运动员入场那样排队。”包包兔爱运动，想起

运动员排队进场的情景。

“包包兔这个思路好，让小蚂蚁们列队，**先列 100 的方阵**。”运动员列方阵的思路让江美美一下就想到了好办法。

小蚂蚁们在江美美和包包兔的指挥下，按照位置站好，很快地上出现了**一个 100 个木块组成的方阵**。

“再来 9 个 100 的方阵，然后大家就可以排**成 1000 的方阵**了！”江美美继续说道，于是地上出现了 10 个 100 的方阵，紧接着，这 10 个方阵合在一起，成了 1000 的方阵。

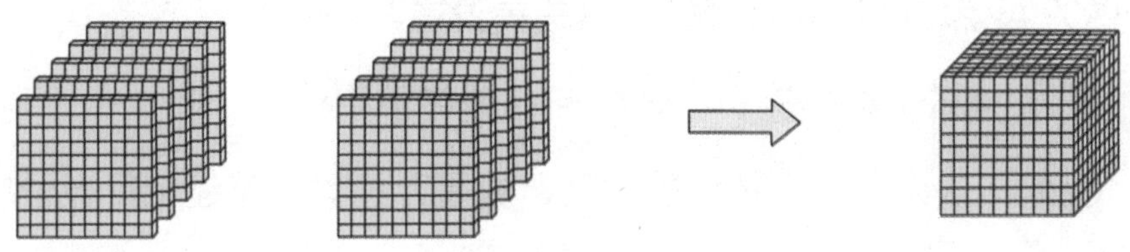

随着江美美的排列，左边的木块堆最终形成如下队形：

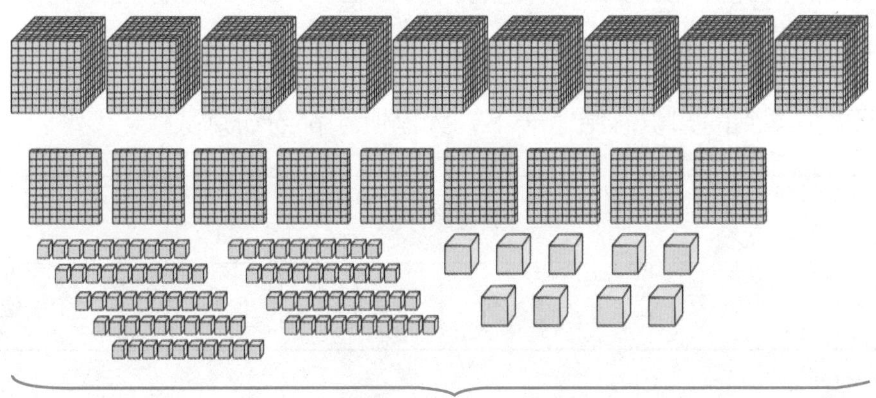

9 个千、9 个百、9 个十和 9 个一合起来是 9999。

而右边的木块堆则形成了如下队形：

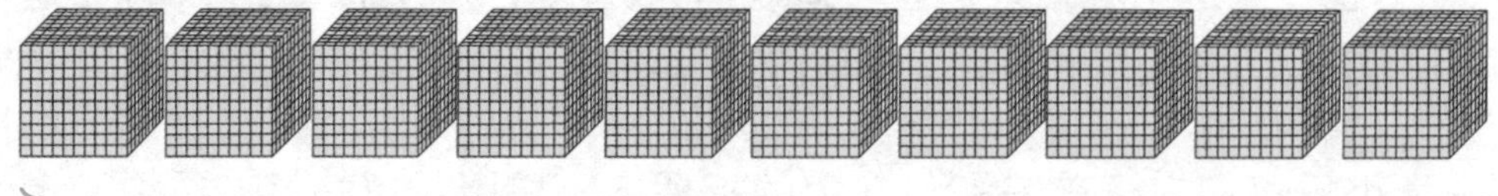

“10 个 1000 是多少呀？”包包兔盯着密密麻麻的木块方阵，十分好奇。

“大家看，左边方阵再放一个木块的话，也能组成 10 个 1000 的方阵。9999 再添（tiān）上 1 是 10000。”江美美说道。

“所以 10 个 1000 是 10000。”包包兔终于明白了。

“我们又认识了一个更大的数位，就是万位。大家还记得数位顺序表吗？”江美美问道。

“记得记得，我们之前学过的，从右边起，第 1 位是个位，第 2 位是十位，第 3 位是百位，第 4 位是千位，第 5 位就是万位。”花花兔把之前学到的知识总结了一下，大家听了都纷纷点头。

数位顺序表					
……	（万）位	（千）位	（百）位	（十）位	（个）位

花花兔看了胖胖兔一眼，眼珠一转，一个问题就出来了：“胖胖兔，你知道哪边木块多，哪边木块少吗？”

“我们刚刚数出了左边是 9999 个木块，右边有 10000 个木块。10000 后面全是 0 呀，肯定小，所以右边比左边少。”胖胖兔有模有样地分析了起来。

“我不同意你的想法，我认为左边比右边少。”花花兔解释道，“刚刚我们数了数位顺序表，9999 添上 1 是 10000，那 10000 就比 9999 多 1，所以左边比右边少！”

“哦！你这样说是对的，9999 是比 10000 少。”胖胖兔挠挠头，觉得花花兔说的很对。

江美美看了看大家，继续说：“10000 是五位数，最高位是万位，那就比最高位是千位的四位数 9999 大。”

“我明白了！**五位数肯定比四位数大**，不同位数的两个数要先比位数多少，再比同位数上数字的大小，对不对？”胖胖兔看着江美美问道。

“是的，我们在比较两个数的大小时，**先要看清楚位数是不是相同**。位数不同的情况下，**位数多的那个数就大**。相同位数的情况下，从最高位比起，**最高位上数字大的那个数大**，如果最高位上的数字相同，就依次比较下一数位上的数字，直到比较出大小为止。”江美美总结了比较数的大小的方法。

“江美美，你刚才讲话的样子真酷，像个将军！”胖胖兔一向话多，又吹起了“彩虹屁”。“这个魔狼王太狡猾了，9999 和 10000 只差 1，用眼睛看完全看不出来，幸好有小蚂蚁们帮忙，不然就算我们从兔宝宝数到兔爷爷，也数不完呀。”胖胖兔愤（fèn）愤地说。

“除了有小蚂蚁们的帮忙，还有江美美列方阵的方法，不然咱们也数不清到底有多少个木块。”包包兔嘴巴没胖胖兔那么甜，但这次的方阵列数法，让他非常佩服江美美。

就在这时，挡在路上的两堆木块瞬间消失了。江美美、小兔们向小蚂蚁道谢，继续踏上了前往暗黑狼堡的路。

路的尽头到底有什么呢？且让我们跟随江美美他们一起去看看吧。

江美美和小兔们被两堆木块挡住了去路，热心的小蚂蚁召唤出蚂蚁军团来帮忙。每只小蚂蚁各背一个木块，迅速将木块组成了 100 方阵，再组成了 1000 方阵，最后发现左边木块是由 9 个千、9 个百、9 个十和 9 个一组成的，就是九千九百九十九（9999），右边木块有 10 个 1000，就是一万（10000）。

9999 比 10000 小 1，所以左边木块比右边木块少 1 个。比较出两堆木块的多少后，木块就消失了。江美美和小兔们继续踏上寻找生命之源的路。

小朋友们来看看包包兔列出来的关于比较数字大小的结构图吧。

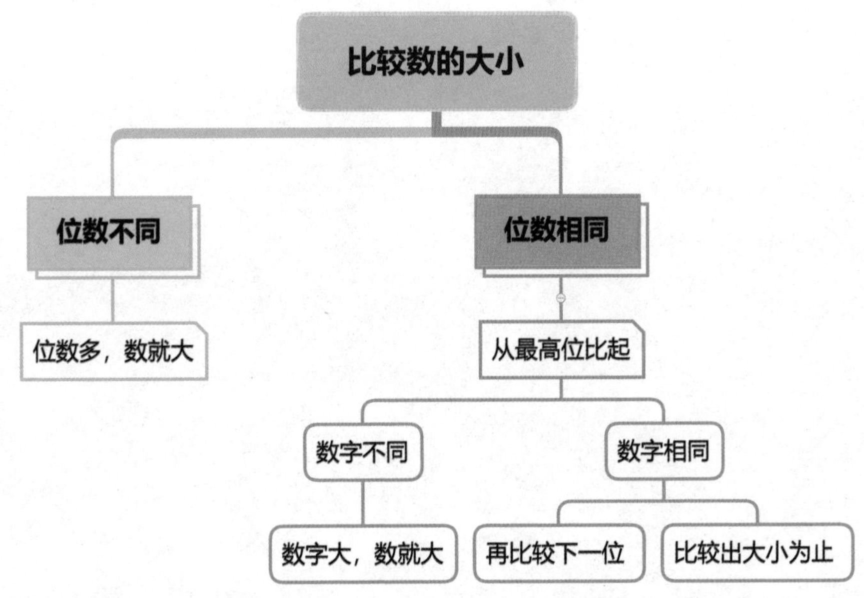

走了一段路，大家觉得挺无聊的。江美美看到手上拿着的计数器，就提出用计数器来玩游戏，赢的人可以休息一会儿，输的人就得去前面探路。大家都点头同意。

江美美拿着计数器，眼珠一转，想出了一个问题：用 6 个珠子可以表示出哪些三位数？小兔们听到问题都开始思考起来。小朋友们，你们知道答案吗？

小朋友们，在计数器上用 6 颗珠子表示三位数，有以下几种情况，大家一起来看看吧。

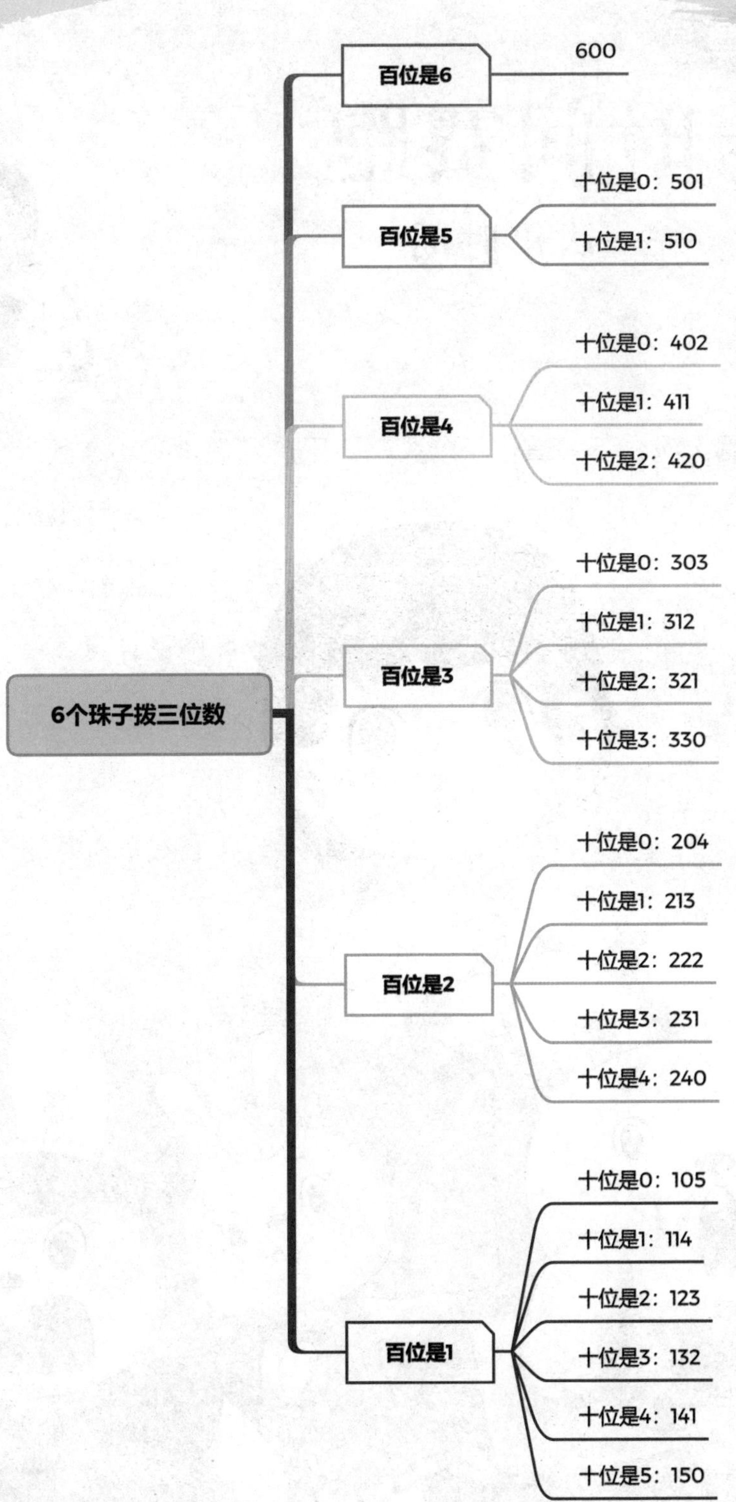
6个珠子拨三位数
百位是6
600
百位是5
十位是0：501
十位是1：510
百位是4
十位是0：402
十位是1：411
十位是2：420
百位是3
十位是0：303
十位是1：312
十位是2：321
十位是3：330
百位是2
十位是0：204
十位是1：213
十位是2：222
十位是3：231
十位是4：240
百位是1
十位是0：105
十位是1：114
十位是2：123
十位是3：132
十位是4：141
十位是5：150

第七章

与时间赛跑

——认识时间

走啊走啊，不知道走了多久，终于走到了幽暗小道的尽头。迎接小兔们的不是大片嫩绿的草地，不是郁郁葱葱的灌（guàn）木丛林，更不是田野里一片片盛开的野花，而是草木枯萎、河沟干涸（hé）、一片死寂的山谷。时间好像在这里静止了，生命好

像在这里停止了。虽然不知道这里发生过什么，但谁见了都不禁心生恐惧。

“这里就是魔狼王住的地方吗？这也太荒凉了吧，看着让人害怕。”花花兔看着眼前的景象，说话的声音都有点儿颤(chàn)抖了。

众人瑟(sè)瑟发抖的时候，唯独胖胖兔

还是一如既往的没心没肺。他东摸摸西看看，嘴巴里还不停地嚷嚷着：“快看，这里有条河，可惜快干了。哇，这里有好大一片草坪啊，可惜草枯死了。这里原来有很多花，可惜凋谢了。这里曾经也是非常美丽的山谷，山谷的两边说不定还有草莓、蓝莓等果子呢。暗黑狼堡说不定还是一个乐园呢。”

大家被脑洞大开的胖胖兔逗笑了，笑声把刚才紧张的气氛冲淡了许多，大家没有刚才那样害怕了。

不知不觉众人走到了山谷尽头，一座由巨大黑石垒(lěi)成的城堡矗(chù)立在山谷的出口处。那漆黑的巨石，堵住的好像不只是出口，还有这里的空气，这里到处都是死一般的寂静。忽然“哇——”的一声，一只乌鸦尖叫着飞上了城堡塔顶，好像在监视着这一群不速之客。

“这就是暗黑狼堡吧，真大啊，我们怎么进去呢？”胖胖兔着急地说。

“大门紧闭，居然连钥匙孔都没有。”花花兔对着大门上下左右细细地看，除了门把手上挂着一个钟表，其余什么都没有。

自以为大力士的包包兔尝试上前推了推门，可是大门纹丝不动。

此时，太阳已斜斜地挂在天边，到傍晚了。

“你们来看这个钟，说不定开门的秘密就在这上面呢。”江美美摸着下巴，皱着眉头，使劲地想着。

胖胖兔好奇地伸出手想去摸一摸，钟好像有感应似的，立即发出了警告：“别动！给你们10分钟时间，**拨出6时5分**。过了时间我可是会爆炸的！”恐怖(bù)的声音把大家吓了一跳。

“可恶，这钟居然会说话。”胖胖兔又害怕又惊奇，伸出手想要去摸一摸，看它有什么奇妙之处。

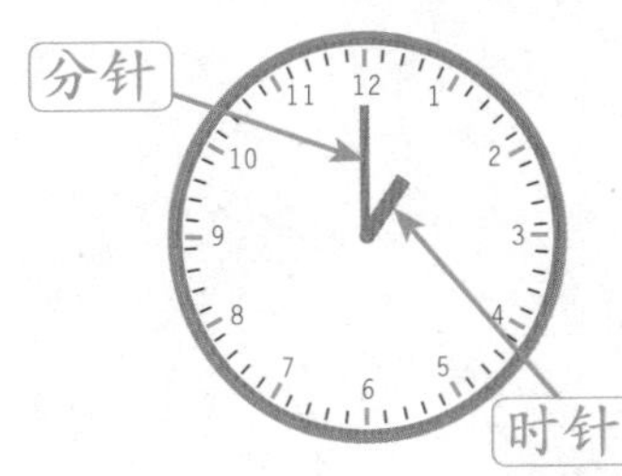

“你还敢到处摸，你可别忘了，它可是定时炸弹！”花花兔拉回了胖胖兔伸出去的手。

胖胖兔回过神来，瞬间蒙(mēng)了：“你可不能炸呀，你千万不能炸，我们还要把我们的生命之源带回悠悠草原呢。”

“你和它说有什么用，它就是一个设定好的机器。”包包兔生气地说。

“别着急，我们冷静下来，先认识一下钟面吧。”江美美可不希望大家自乱阵脚。看大家冷静下来，江美美就讲起关于钟的知识：“钟面上有 12 个数字，两个指针。短的指针是时针，长的指针是分针。当分针指着 12 的时候，时针指着 9，就是 9 时整；时针指着 11，就是 11 时整；时针指着 6，就是 6 时整。”

“哦，我知道了！是不是说，**只要分针指着 12，时针指着几就是几时**？”花花兔不光观察得仔细，听得也很认真，所以学东西很快。

“对！我们再看，钟面上还有**大格和小格**。整个钟面上一共有 12 个大格，**每个大格里有 5 个小格**，那你们知道钟面上一共有多少小格吗？”

胖胖兔起劲地数了起来："1，2，3，4，5，6，7，8，9，10，11…60。"一口气数完60个数，胖胖兔的脸都憋（biē）红了。

花花兔看着胖胖兔上气不接下气的样子，说："胖胖兔，我们可以5个5个地数，因为1大格就是5小格，我们再来数一遍。"

花花兔指着钟面，大家开始一起从1数了起来：5，10，15，20，25，30，35，40，45，50，55，60。

"这样数果然简单多了，那这些大格和小格有什么用呢？"胖胖兔对待问题，就像对待好吃的东西一样，喜欢研究一番。他这好奇心，虽然有时候给他带来危险，但只要他小心一点儿，还是能学到很多知识的。

为什么钟表的指针向右转

在钟表出现以前，人们使用过一种叫作日晷的计时工具。日晷就是利用太阳的影子来记录时间。随着一天中太阳东升西落，影子会发生朝向和长短的变化，古人就用这种变化来确定时间。由于人类文明是以北半球为中心发展起来的，钟表也是首先由北半球制作并使用的。北半球的太阳自东向西移动，日晷上的影子便是向右转的（即人们所说的顺时针方向）。因此，由北半球的人发明制作的钟表也就顺应了这种自然现象——指针一律向右转。现在全世界的钟表指针都是向右转的。

“是这样，**分针走1小格是1分钟，走1大格是5分钟，时针走1大格是1小时**。时针和分针是同时走动的，分针走1整圈的时间，就是时针走1大格的时间。时针走1大格是1小时，分针走60小格是60分。所以**1时=60分**。”

“还有，”江美美又想起了什么，补充道，“因为分针在走的时候，时针也在走，所以**时针有时候会在两个数字中间**。如果出现了这种情况，那么时针代表的时间是两个数字中的前一个。”

“我记得钟面上不止有两根针的，不是还有秒针吗？秒针去哪儿啦？”花花兔想起村长曾经给他们看过的时钟，赶紧说道。

“你们看，又出现了一根针！”包包兔指着时钟叫了起来。

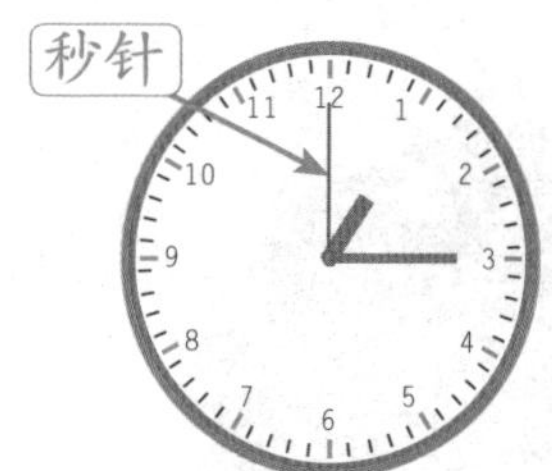

果然，钟面上若隐若现地又出现了一根针，就是刚才花花兔说的秒针。

“哇！好神奇呀，没想到暗黑狼堡还有这宝物呢！”胖胖兔惊叹道。

“秒是比分更小的时间单位，钟面上最长最细的针就是秒针。”江美美继续分享，“**秒针走1小格的时间是1秒**。”

“哦，那秒针走1圈是60小格，就是60秒啦！”胖胖兔都能自己思考总结了。

“是的，秒针走1圈的同时分针走一小格。”江美美接着说，“秒针走1圈是60秒，分针走1小格是1分，所以1分=60秒。”

“原来时、分、秒之间都是有关系的呀。”包包兔若有所悟。

“你们研究得还挺认真，不过，我提醒你们，倒计时还有1分钟！”魔狼王的声音从城堡里传了出来，听起来十分得意。

江美美刚才只顾着给小兔们讲钟表，差点儿忘记了大事。她拍拍自己的胸口，小声地对自己说："冷静冷静！"然后伸出手，准确地拨出了6时5分。

"拨出时间，只是第一步。你们现在需要告诉我这个时间怎样写才能进去。"刚拨完，钟又发出了指令。

江美美拿出纸和笔，唰唰唰地在纸上写了"6:05"，展示给时钟。

"6:05是什么意思啊？"胖胖兔看着纸上的内容问。

"6:05是时间的表示方法，**表示6时5分**。冒号前表示几个小时，冒号后表示几分钟，如果是10分钟以内的话，需要在分前面加个'0'。"江美美解释道。

话音刚落，拦路钟就消失了，暗黑狼堡的大门"吱呀"一声，打开了。

数学小博士

大家终于来到了暗黑狼堡门口，可是被大门上的“定时炸弹”拦住了，需要在 10 分钟以内拨出 6 时 5 分才能进去。于是大家一起研究起了有关时间的知识。最后，小伙伴们在规定时间内正确拨出了 6 时 5 分，还知道了表示时间的格式，于是他们成功地进入了暗黑狼堡。

小朋友们，一起来看看花花兔整理出来的结构图吧！

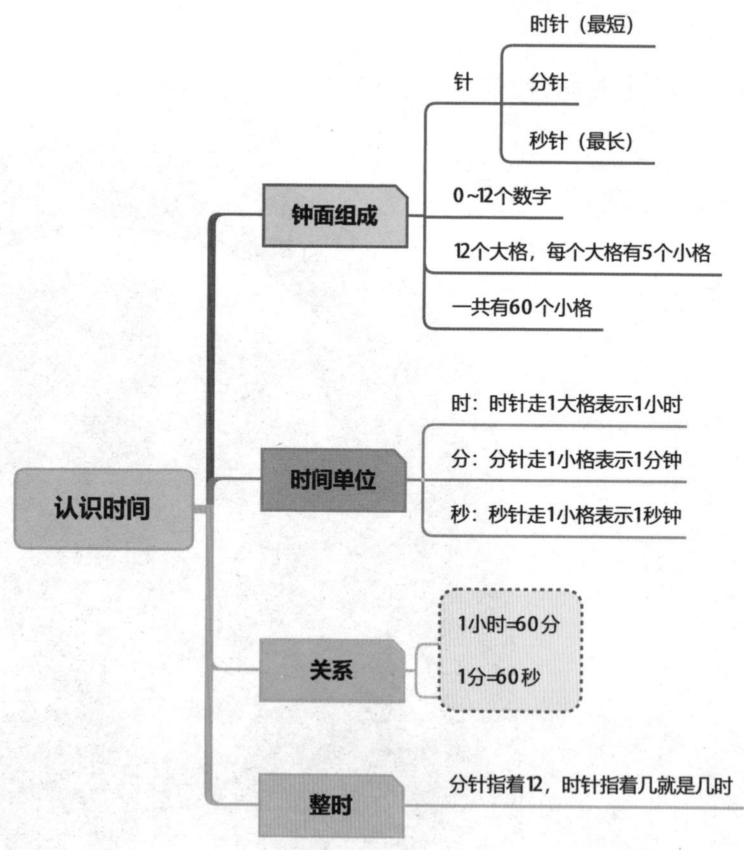

小朋友们，你们学会怎么看钟表上的时间了吗？试着写一写下面的钟表分别是什么时间。

____:____　　____:____　　____:____

写时间的时候通常只要写几点几分就够了，几秒是不用写的。

在日常生活中，我们除了12小时制，还有24小时制。12小时制是12个小时作为一个循环，一天循环两次。24小时制是以24小时作为一个循环，一天只循环一次。

12小时制和24小时制的差别主要在中午12点以后。下午1点的时候，12小时制需要重新计算，所以还是1点。24小时制则是继续计算，所以会写成13点，一直到24点为止。如果遇到24小时制，大家不知道几点的话，用小时的数字减去12，就能知道是几点啦。

以上分别是：10:25，1:55，9:05

第八章

龙的传人

——身体上的尺

暗黑狼堡阴森森的，不知道从哪里吹来阵阵阴风。大家壮着胆子走了进去，眼前出现了一个又高又宽阔的大厅。大厅的东南西北四个方向分别开了四扇小门。

“我们该从哪一扇门进去呢？”包包兔说出了大家共同的疑问。

“这太简单了，不就四个方向嘛，我们一人走一个，总有一个能走对，是不是？哈哈哈！就让我先走吧。”胖胖兔看起来一点儿也不害怕，抬起腿就向最近的一个门走去。

江美美伸手要拉胖胖兔，可胖胖兔一跳就到前面去了，眼看胖胖兔就要迈过门槛，江美美也跳了起来，一把抓住胖胖兔的耳朵，胖胖兔立即咧(liě)着嘴往回退。江美美生气地说：“胖胖兔，你忘了上次差点儿掉下悬崖的事了？这里肯定布置了暗算我们的机关，我们不能着急，得想清楚再走。”

胖胖兔本来很生气，但一提到差点儿跌落悬崖的事，他立即警惕(tì)起来，乖乖地往后退。

“江美美说的对，我们要找到正确的方向才行，大家四处找找，看看有没有线索。”花花兔说。

太阳快要落山了，谁也没发现新的线索，大伙儿虽然嘴里都说不能着急，但已经表现得像热锅上的蚂蚁，着急得走来走去，但毫无收获。即便如此，他们也不敢停下，仍然仔细地四处探索，寻找着正确的方向。

这时，一道夕阳的亮光正好照在花花兔的裙子饰品上，刺眼的亮光闪了一下江美美的眼睛，她本能地扭头躲避，然后突然说："我想到了！出发前噜噜兔村长说过让我们跟着太阳走。现在这个时候太阳即将落山，现在太阳的方向就是西边，顺着太阳的方向，就是——西门，西门应该就是正确的方向！"

大家想了想，觉得江美美说的有道理，于是一起推开被落日余晖(huī)照射的那道西门。

他们前脚进了西门，后脚太阳好像一下掉进了黑窟窿(kū long)里，被黑暗吞食了。此时“哐”的一声，一块巨石掉了下来，把之前所有的通道和入口都封得死死的。江美美这时才明白噜噜兔村长说当太阳下山后就再也进不去暗黑狼堡是什么意思了。大家边走边往后看，都为刚才的惊险后怕不已。

大厅后面是一条通道，通道格外宽敞，墙壁两侧装饰着狼头造型的烛台，上面闪烁着绿幽幽的烛火，那烛火仿佛是黑暗中隐藏着的狼的绿眼。在这种场景里，大家不由得鸡皮疙瘩都起来了，不由自主地加快了脚步。终于到达了通道的尽头，令大家没想到的是，通道的尽头竟然是一个滑梯。

滑梯下面黑黝(yǒu)黝的，深不见底，仿佛下面是深渊、悬崖，看起来十分恐怖。感觉一旦从这里滑下去，就会一去不复返。

怎么办？往前，往下，等待他们的或许就是险境。不下去，又怎么找回生命之源呢？找不回生命之源，等待悠悠草原的又将是什么呢？枯萎？彻底毁灭？不光江美美无法想象，小兔们也不敢想下去。大家相互击掌打气，然后一起滑了下去。滑落的过程中，大家都屏住呼吸，等待奇迹的出现。

“咚——”终于落地了！每个人都在黑暗中暗暗地松了一口气。然而新的问题又来了，之前不知道该走哪里，但在这里，他们几乎要怀疑自己是否有眼睛，他们需要用脚摸索前方的路，摸索了好一会儿，终于来到一个密室。虽然有了一些光亮，但这个密室没有门也没有窗，大家没找到任何机密开关，也都不想再退回到刚才滑梯落地的黑暗之处。

“这可怎么办，真想直接把这面墙撞开呀！”胖胖兔铆（mǎo）足力气撞向那面墙，墙壁却纹丝不动。大力士包包兔也去撞墙，可墙壁好像在故意和他们较劲——越是使劲，被弹得越远。包包兔和胖胖兔抱在一起，变成一个肉球朝墙壁撞去，墙壁纹丝不动，却把包包兔和胖胖兔弹开了。他们两个摔了个屁股蹲儿，躺在地上抱着屁股“哎哟，哎哟”地叫唤。

“看来用蛮（mán）力是不行了。”江美美四处观察着。

“大家看，这墙上好像写着什么字。”花花兔有了新发现。在密室的一面墙壁上，有一个龙头的图案，图案下面有一行字：

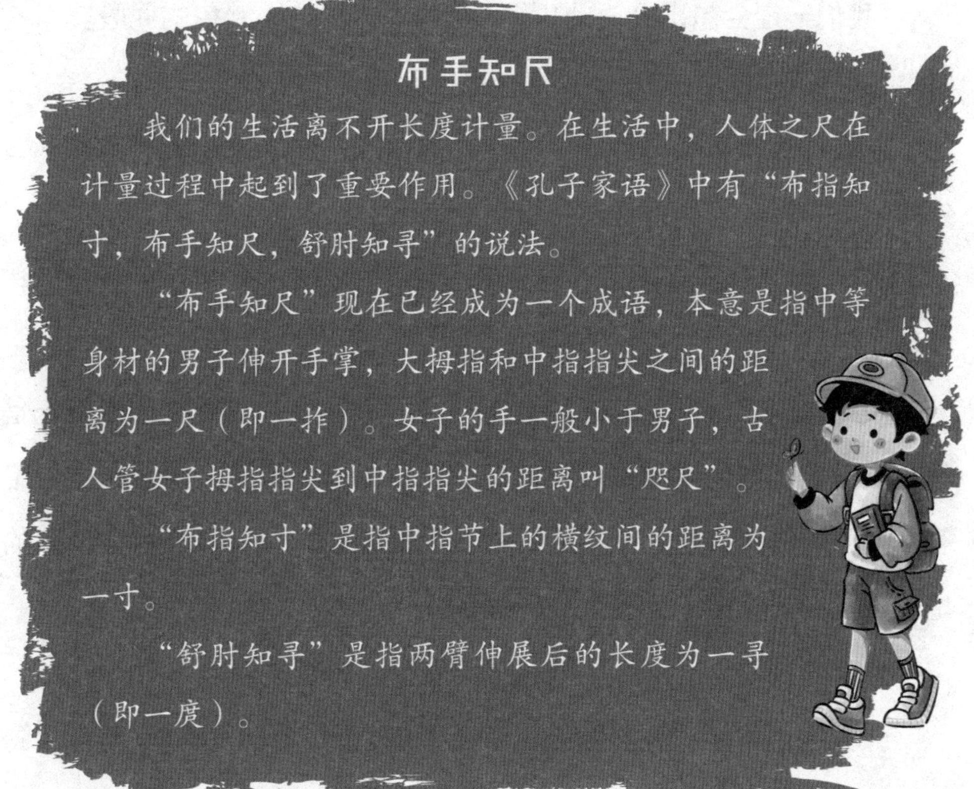

布手知尺

我们的生活离不开长度计量。在生活中，人体之尺在计量过程中起到了重要作用。《孔子家语》中有“布指知寸，布手知尺，舒肘知寻”的说法。

“布手知尺”现在已经成为一个成语，本意是指中等身材的男子伸开手掌，大拇指和中指指尖之间的距离为一尺（即一拃）。女子的手一般小于男子，古人管女子拇指指尖到中指指尖的距离叫“咫尺”。

“布指知寸”是指中指节上的横纹间的距离为一寸。

“舒肘知寻”是指两臂伸展后的长度为一寻（即一庹）。

龙能大能小，能升能隐，大则兴云吐雾，小则隐介藏形，升则飞腾于宇宙之间，隐则潜伏于波涛之内。

“这到底说的是什么意思啊？”包包兔疑惑不解。

“这几句话是古语，描述的是一个神话形象——龙。龙可以自由变化大小，可以腾云驾雾，可以呼风唤雨，本领很大。”江美美跟爷爷学过一段时间古文，所以能看懂一些古文的意思。

“这和我们找到出口有什么关系呢？”包包兔还是不明白。

“龙不龙的我不认识，我只知道我好饿，好久没吃东西了，好想念草莓蛋糕、奶酪……”胖胖兔一会儿摸摸摔痛的屁股，一会儿摸摸咕咕叫的肚皮，他现在除了想吃的东西已经顾不上任何事情了。

“我们一定会想出办法的！”花花兔本想拍拍胖胖兔的屁股安慰安慰他，但现在胖胖兔的屁股疼得谁也摸不得。

大家正皱着眉头思考墙上关于龙的信息，胖胖兔却突然用鼻子四处闻，边闻边说：“我好像闻到蛋糕的味道了。”

“你不会是饿昏了头吧，这密室里哪来的蛋糕？”包包兔奇怪地看着他。

“嗯？香味？”江美美突然灵光一闪，“胖胖兔，你再闻闻看香味是从哪里来的，你的嗅觉是最灵敏的。既然能闻到香味，说明这里一定有香味可以传进来的地方，找到香味传来的地方，就能找到有缝隙(xì)的地方，我们就能找到出密室的办法了。”

大家纷纷点头，鼓励胖胖兔：“胖胖兔，加油！”

胖胖兔立即化身为胖胖鼠，俯身边走边闻，终于在密室角落找到了一个小圆孔。圆孔中间有丝丝气味通过，隐约可闻到食物的味道。

“这么小的孔，大约拇指盖那么宽，我们谁也过不去啊。”包包兔发愁起来。

“包包兔，你还记得墙上的话吗，龙可以变大变小，我也是华夏龙的传人。所以在这里，我或许也有像龙一样的能力，带着大家像龙一样变小就可以出去了。”江美美自信满满地看向大家。

听了江美美的话，小兔们的眼睛都发亮了。他们期许的眼神让江美美获得了一种神秘的力量。江美美双手按在墙上的龙头图案上，霎

时金光闪烁，一条金龙腾空而起，在她头上盘旋了一会儿，然后消失不见，只剩一道淡淡的龙纹浮现在江美美的额头上。

“伙伴们，靠近我！”江美美话音刚落，小兔们就像被吸住了一样朝她靠近。

江美美大喊一声：“变！”金光闪烁中，大家变成了一庹tuǒ（两臂向左右伸开时两手之间的距离）长，但还是太大，过不去。

“变！”江美美又大喊一声，大家又变小了一点儿，大约一拃zhǎ（张开的大拇指和中指之间的距离）长，还是过不去。

“变！”江美美第三次大喊，大家变成了比 1 厘米更小的人，终于可以钻过拇指宽窄（大约 1 厘米）的小孔，离开了密室。

出了密室，一阵热浪迎面袭来。

江美美赶紧给大家恢复正常身形，定睛一看，前方一条宽阔的暗河横贯整座山。密室背后居然是一座孤零零的山，还被暗河包围，更恐怖的是，河中流淌的不是河水，而是炙热沸腾的岩浆jiāng。刚才吸引胖胖兔的香味就来自河对岸的石室内。

胖胖兔说：“好吃的就在对面，大家一块儿冲啊！”

江美美一把拉住了耐不住性子的胖胖兔，说：“你也不看看前面，就敢往前冲，你是不是想把自己变成烤兔子？”

看来只要跨过这条河就能吃到大餐，不光胖胖兔着急，肚子瘪瘪的大伙儿都很急切。

“大家不要着急，我获得神龙的变大变小的神通还没消失，只要算好河流的宽度，再变到适合的大小就可以跨过河流了。”

“怎么算河流的宽度呢？又没绳子可以量。”胖胖兔问。说到绳子，江美美真的找到了一根长绳，并把它用力扔向河对岸，然后又拉回来。只要知道对应河宽的绳长，就能知道河流的宽度大概是多少了。

“怎样知道这段绳子大概长多少呢？又没有尺子可以量。”包包兔问。

“我们身体上就藏着好多尺子呢，比如刚刚那个小孔就和我们拇指盖宽差不多，大约是 1 厘米。”江美美笑着说道，“比如我的一拃大约 12 厘米，一庹大约 100 厘米，也就是 1 米，一脚大约是 20 厘米，一步大约是 55 厘米。”

“我们可以用一步来估算，走路也比较方便。”花花兔说道。

“我来我来！我的一步大约是 50 厘米。”胖胖兔积极地沿着长绳一步一步走起来，边走边数，从一头到另一头大约走了 40 步。胖胖兔走完立马自言自语算了起来：“我的一步大约 50 厘米，40 步就是 40 个 50 厘米，可 40 个 50 厘米是多少呀？”

江美美接着胖胖兔的话说：“不用算出 40 个 50 厘米是多少。我们这样想，按照你的身高，你要走 40 步，那我只要变得有 40 个你这么高，就能一步跨过去了。”

“聪明呀，江美美。”听说不用计算也可以达到目的，胖胖兔越发佩服江美美了。

“我差不多 1 米高，那变 40 米高就差不多了。以防万一，江美美你就变 50 米高吧，这样一定够了。”胖胖兔留了个心眼儿，担心自己算错了，害得大家掉进河里去，所以他特地让江美美变高一些。

江美美大喊一声：“变！”

只见江美美一下子变成了差不多 50 米高的巨人，小兔们在江巨人面前，比蚂蚁还小。小兔们跑过去抱住了江美美的腿，江美美大步一跨，就跨到了暗河对面。

“耶！”在大家的欢呼声中，江美美恢复到了原来的身高，大家手拉手一起进入石室，准备去享受美食。

数学小博士

江美美想起噜噜兔村长说的“跟着太阳走”这句话，顺利找到西门，并进入了一个密室。胖胖兔根据密室外传来的香味，在墙角找到了一个跟拇指盖(大约 1 厘米)差不多宽的小圆孔。通过密室古语提示，龙的传人江美美使用能变大小的神通，带着大家从墙角的小孔穿过了密室，还跨过了流着岩浆的暗河，到达河对岸享受美食。下面是江美美总结的“身体上的尺”结构图，大家一起看一看吧。

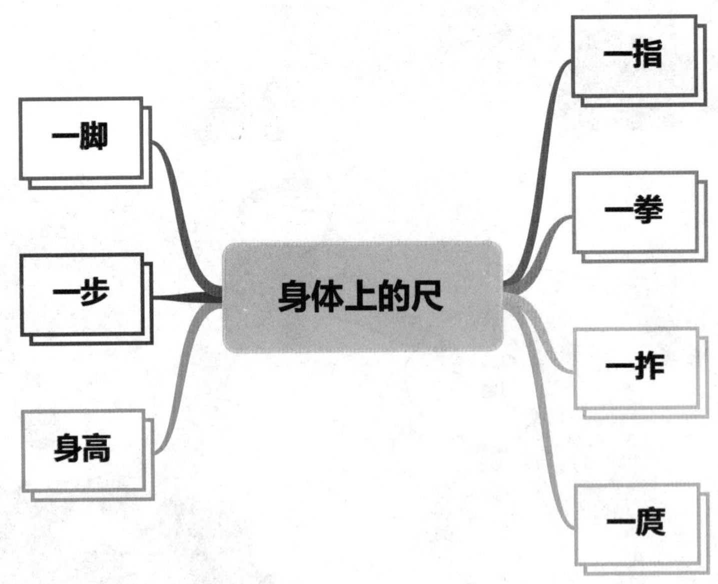

在家里或校园里选择一些物体，用自己的“身体尺”量出它们的长度，再和自己的好朋友交流。

在测量物体的长度时，要选择合适的“身体尺”，如果选择的物品超过了自己能力的范围，也可以让爸爸妈妈参与，用他们的“身体尺”测量一下。

第九章

蛋糕盛宴

——两、三位数的加法和减法

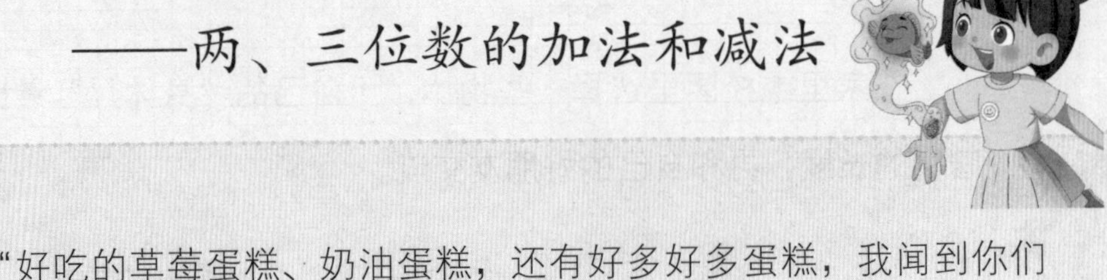

“好吃的草莓蛋糕、奶油蛋糕，还有好多好多蛋糕，我闻到你们了，我来啦！”刚到石室门口，胖胖兔就兴奋地喊了起来。但他只是叫

喊，脚却一步也不往前迈。

“胖胖兔，你怎么不进去呀？每次你不都是第一个冲在前面吗？”包包兔半是调侃(kǎn)半是疑惑地问。

“吃一堑(qiàn)长一智，没听说过吗？我都吃了两堑，也就长了两智，你说长了两智的人，还能那么冲动吗？所以我现在就只是喊两声而已，好事等一等，坏事就少一些。”胖胖兔虽然嘴上说不着急，眼睛却很诚实地跟着江美美和花花兔朝里面望去。话刚说完，胖胖兔就一头冲进了面前的房间。

房间中央果然放着一大堆蛋糕，各种口味都有，散发着诱人的香味。一整天都没吃东西的小伙伴们，像饿狼一样，不由得咽了咽口水，刚准备冲过去开吃，就听到一个阴沉的声音在石室里响起：“各位居然能够来到这里，看样子你们有点儿本事。肚子饿了吧，你们看我准备

了这么多美食，请尽情享用吧。”

“好的好的，我一定尽情享用！”胖胖兔按捺(nà)不住地冲向了最近的草莓蛋糕。

“且慢，魔狼王一定不会这么好心。先看看他耍什么花招，再吃也不迟。”包包兔一把拉住胖胖兔。

“哈哈哈，没错，本大王的美食岂是那么轻易吃到的。”魔狼王的声音让人害怕，“实话告诉你们吧，吃这里的蛋糕需要回答这里的问题才行，这个房间下面就是地下岩浆，答错了，这就是你们最后的晚餐了。”

“就知道你没这么好心，那就出题吧。”花花兔看上去十分镇静。

听着魔狼王的威胁，大家都捏了一把汗。但这么多困难他们都经历过了，怎么能倒在这里呢？大家互相看看，用眼神相互鼓励。

“咻”的一声，空中有一道金光划过，原来是江美美手臂上的小丑鱼精灵现身了：“大家别着急，我也来帮忙啦！”

“你们可听好了，第一题，这桌子上一***共有 25 个蛋糕，吃了 10 个，还剩几个呢***？每道题只有 5 分钟的时间，时间一到还没回答出来的话就送大家去岩浆里洗澡！”

“还剩几个我不知道，但 5 分钟吃掉 10 个蛋糕，我没问题！”

胖胖兔说着便一手拿起一个蛋糕开启了疯狂吃吃吃的模式，不到 3 分钟就吃完了 10 个蛋糕，一边打着饱嗝(gé)一边说：“好了，我收工了。大家快数数，还剩下多少。”

众人尴尬(gān gà)地看着胖胖兔，虽然方法有点儿奇怪，好在结果很快就出来了。大家数了数，还剩下 15 个蛋糕。

江美美把正确数字报给了魔狼王。

“哈哈哈，有趣有趣，你们竟然有一只这么能吃的兔子。”魔狼王也没想到小兔们以这样的方式解决了第一题，“第二题，我**又给你们送来了 158 个蛋糕**，现在**一共有多少个呢**？”

“呃，用 158 加 15 就可以了，我先算 100 加 10，再算 50 加……不对不对，我先算 50 加 10，再算……也不对也不对。”包包兔本想用加法计算来解答，但 158 这个数字太大了，他一边说一边苦恼地摇着头。

“哈哈，不会了吧？”屋子里响起魔狼王得意和嘲笑的声音。

“当口算困难时，我们还可以用**竖式计算**。”江美美说，“列竖式时要注意数位对齐，从个位算起。”江美美在地上列起了竖式。

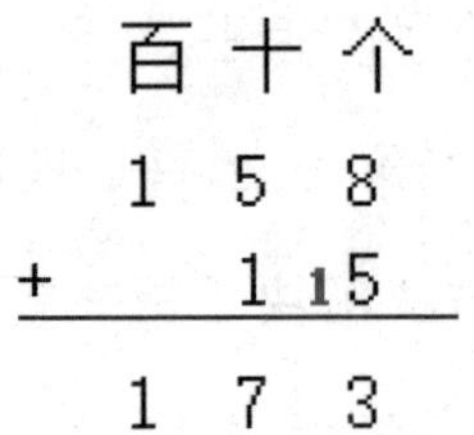

“我们**先算个位**，8 加 5 等于 13，**满十就要向前一位进 1**，所以个位上是 3。**这个进给十位的 1 写小一点儿**，以防我们在算十位的时候忘记。再算十位，5 加 1 等于 6，6 加进给十位的 1 就等于 7，所以十位上是 7。**最后算百位**，1 加 0 还是 1，而且没有需要进位的，所以结果就是 173。”江美美详细地解说着，真像一位小老师。

“江美美，这次一定要算对呀，要是错了，我们都得用岩浆洗澡了，那时我这漂亮的裙子，可都得烫(tàng)坏了呀。”花花兔也顾不上强装镇定，用发颤的声音说道。

“花花兔，漂亮裙子坏了算啥，你还是先操心要变成红烧兔吧，哈哈哈……”

“胖胖兔，都什么时候了，你还吓唬花花兔，还不赶快一起来算。”包包兔一把拉过胖胖兔，他们一起围着江美美，看她列出的竖式。

“要想知道自己算的结果对不对，还可以验算。**加法的验算就是交换两个加数的位置再算一遍**。包包兔，你来试试吧。”江美美转头看到了离自己最近的包包兔，于是让他来验算。在江美美的鼓励下，包包兔认真算了起来。

	百	十	个
		1	5
+	1	5	18
	1	7	3

“你们终于算出来了。现在是第三题，请听题：**本来有 173 个蛋糕，吃掉 68 个还剩多少个呢**？”魔狼王的声音已经没有了狂笑，而是低沉又恐怖。

“求还剩多少个，只要把总数 173 个减去吃掉的 68 个就可以了，我们是不是也可以列竖式算呀？”花花兔提醒道。

“这一题，我来算。”小丑鱼精灵自告奋勇，帮大家在地上列出了算式。

包包兔看到胖胖兔在一旁偷笑，便问道：“胖胖兔，你怎么在这么紧张的时刻还笑得出来呀？”

“我火眼金睛，发现了小丑鱼精灵的错误！”胖胖兔悄悄说。

“我觉得我做的是对的。”胖胖兔说得很小声，但还是被小丑鱼精灵听到了。

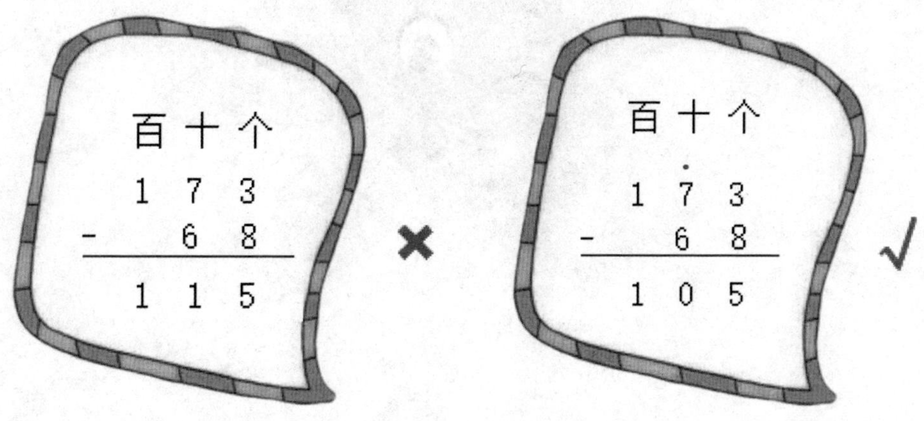

江美美笑笑说:“我当初学了好几遍才学会的，小丑鱼，你已经很厉害啦。我们一起找找错在哪里了。我们先算个位，3 减 8 是多少呢？”

“3 比 8 小，怎么可以减 8 呢？”小丑鱼精灵不太明白。

“3 减 8 不够，当个位不够减的时候，**我们要从十位借 1，借的 1 个十就是 10 个 1**，那和个位原来的 3 合起来就是 13，现在变成了 13 减 8，这样算是不是就简单了？”江美美急忙解释，“**算完个位，再算十位**。本来有 7 个十，可刚刚个位不够减，我们从十位借了 1 个十，所以现在还剩 6 个十。为避免忘记刚刚十位借的 1，我们可以在 7 的上面点一个点作为记号，提醒我们这里借了 1 个十。”江美美边说边在十位的 7 上添了一个点，“好了，现在十位会算了吗？”

“十位就是 6 减 6 等于 0，百位 1 减 0 还是 1，结果是 105。”小丑鱼精灵一下子算出了结果。

“小丑鱼精灵你真棒！”大家都夸赞道。

小丑鱼精灵得到大家的夸奖后笑得合不拢(lǒng)嘴，说：“大家也很厉害，我们全都学会啦。”

学会了算三位数和两位数的加减，大家都可开心了，互相鼓励起来，甚至都忘记了魔狼王还在暗处虎视眈(dān)眈呢！

加法竖式

古代没有纸张和铅笔时，人们使用石头和竹子来记录数字和运算结果。

相传，一个叫张敏的年轻人决定用竹子设计出一种简单而实用的计算方法。他把一些小块竹子排列起来，将数字竖直地写在小块竹子上。每个数字都用一个小块竹子来表示，按顺序从上到下排列。他注意到，要想得到两个数字的和，应该将它们的个位数放在一起，再将十位数相加。如果和超过了十，他就记录下进位，然后将剩余的数字加到结果上。从此以后，加法竖式传播开来。

这个古老而又普遍的加法竖式给我们带来了很多启示。它教会了我们如何用有限的工具和资源创造出新的解决方案。

数学小博士

大家进入了有很多蛋糕的石室。正当胖胖兔想要享受蛋糕盛宴时，魔狼王又跑出来给大家出难题了。

第一题，25 个蛋糕，吃掉 10 个，还剩多少个？胖胖兔直接开吃，一口气吃掉了 10 个，数一数还剩 15 个。

第二题，魔狼王又搬来了 158 个蛋糕，现在有多少个蛋糕？列出算式是 158 加 15 等于多少，包包兔用口算算不出来，江美美提醒他用竖式计算，也分享了验算的技巧。

魔狼王又出了第三题，173 个蛋糕，吃掉 68 个，还剩多少个？花花兔提醒大家减法也可以用竖式计算。小丑鱼精灵自告奋勇，在大家的帮助下做了出来，算出最后还剩 105 个。

小朋友们，你们学会用竖式计算两、三位数的加法和减法了吗？知道验算的技巧了吗？还不知道的话，一起来复习小丑鱼精灵列出来的结构图吧。

两、三位数加减法竖式计算

- **数位对齐，从个位算起**
- **加法计算中，哪一位上的数相加满十，要向前一位进1**
- **减法计算中，哪一位不够减，前一位就退1作10再算**

聪明的小朋友们，魔狼王听说你们一起参与了这趟旅程，还出了题想考考你们呢，让我们一起来迎接挑战吧。

下面有两个圈，每个圈中都有三个数字。从左边的圈中选一个数，减去右边圈中的一个数。差最大是多少，最小是多少？

要算差最大的数，就要用左边圈里最大的数减右边圈里最小的数，即 696-128，答案是 568；要算差最小的数，就要用左边圈里最小的数减右边圈里最大的数，即 308-292，答案是 16。

小朋友们，你们算出来了吗？

第十章

再现生命之源

——数据的收集和整理

“真是一群聪明的孩子。你们不是想找回生命之源吗？现在本王就送给你们！”

大家还在为学习到新知识开心时，魔狼王又发话了，说完还从天花板上直接扔下来一个巨大的宝箱。

大家凑上去一看，发现这个箱子并没有锁孔，也没有任何的缝隙可以打开。

众人围着箱子打量了起来，试图打开宝箱获得生命之源。

“就知道魔狼王不会这么好心，他肯定不会直接把生命之源还给我们的，这里一定还藏着阴谋。”江美美谨慎地观察着这个箱子。

“我倒觉得这个魔狼王还不错，请我们吃蛋糕，最后也把生命之源还给我们了。这当然要靠我们自己打开啦。”胖胖兔嘴上是这样说的，心里想的却是：反正宝箱到手了，我们干脆直接扛着箱子跑不就得了，等回到悠悠草原，大家肯定有一万种方法把它打开。

“没错，生命之源我送给你们了，但怎么打开就要靠你们自己啦。友情提醒一下，这箱子不光装了生命之源，同时也装了一枚定时炸弹，时间一到就‘嘭’！哈哈哈，祝你们好运！”魔狼王那恐怖的声音环绕在屋顶。

本来胖胖兔已经把箱子扛在肩上准备逃走，听完魔狼王的话又赶紧放了下来。箱子要是爆炸了，他可就粉身碎（suì）骨了。世界上最傻的人也不会傻到扛着一个定时炸弹跑。

看来这个问题只能现在解决了，于是大家又重新围观起箱子来。

这个箱子看上去是一个整体，严丝合缝，没有任何缝隙。周围也没有发现锁扣，但正面好像是一个电子屏幕，上面**布满了各种图案**，这难道就是开启宝箱的关键？

“没错，我们**把这看似杂乱的图案整理一下**，说不定就可以打开了。”

“我们赶紧试试吧！箱子上没有提示的信息，我们要不**先按颜色分**一分，可以分成红色和蓝色。”江美美提示道。

这些图案像游戏，可以移来移去。一旁的胖胖兔用他的小胖手在屏幕上画呀画，移呀移，最后把 11 个红色的图案放到一起，13 个蓝色的图案放到一起。

可是宝箱并没有反应。

“看来不是按颜色分的，那我们试试**按形状分类吧**。”

这次轮到包包兔上场分类，14 个方形图案和 10 个椭圆形图案被他排列得整整齐齐。

可是宝箱还是一动也不动。

“怎么还是不对呀，怎么办？还能按照什么方法来分类呀？”胖胖兔着急起来。

“冷静！我们还可以**根据图案上面圆孔的个数来分类**。”花花兔一边观察图案一边说。

花花兔迅速按圆孔个数分好了类，11 个三孔图形放一起，13 个两孔图形放一起。

可是宝箱好像睡着了一样，不管外面多热闹，它依旧没有反应。小兔们个个着急地抓耳挠腮，急红了眼。只有江美美安静地看着宝箱，还在努力思考。“看来**不是按照单一的标准来分类**。这样吧，我们先按照颜色分，再根据孔的个数分。”江美美又有了新的想法。

江美美分完后，大家用期待的眼神盯着宝箱，可惜又让大家失望了，宝箱还是什么动静都没有。

“没关系，我们接着分！我们在这四类里面，再按形状继续分一分。”江美美鼓励大家。

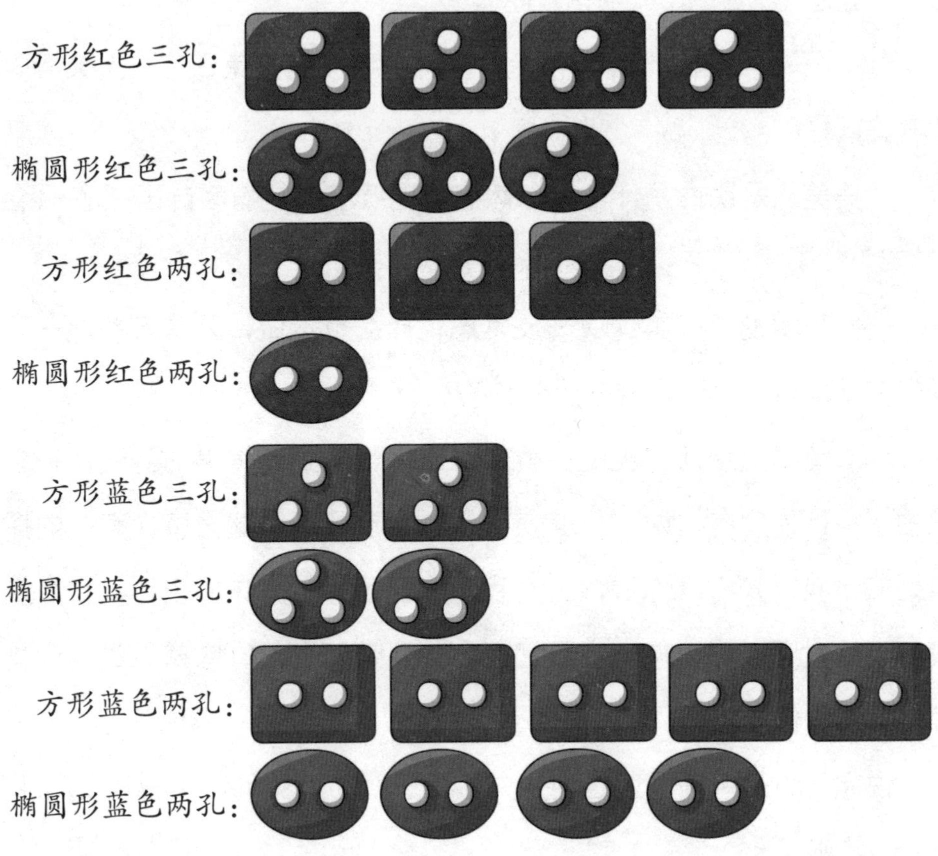

这次大家齐上阵，将这些图案**分成了以上八种类型**。在这次分类完成的一瞬间，宝箱上的电子屏幕突然发出一道白光，所有的图案都消失了。

“不会引爆了炸弹吧？”胖胖兔一说，大家立即向后退。

“能走到这里，算你们运气好。不过别得意得太早，现在离拿到生命之源还差一步呢，让我看看你们的决心吧。”空气里再次回荡起魔狼王的声音。

“呼——”大家长长地松了一口气，这道难题终于解开了。

大家在等待箱子开启时，却看到箱子上的白光渐渐消失，电子屏幕上只显示了一个图像，是小丑鱼。

“这——”包包兔看向胖胖兔，胖胖兔看向花花兔，花花兔又看向江美美。

江美美像是明白了什么，忽然痛苦地低下头，喃喃自语：“怎么会这样？”

一向聪明的江美美这次一反常态，什么也没做，只是无助地一屁股坐在了墙角，使劲思索着什么。

小丑鱼精灵从江美美的手臂中飞出来，飞到江美美的身边，轻轻地拍了拍她的肩膀，说：“江美美，和你一起经历了这么多次有趣的探险之旅，我很开心。你看，这次我还吃到了好多美味的蛋糕，在海底我都没吃过呢。你记得一定要把生命之源带回去，悠悠草原的小动物都在等着你们拯救呢。”

说完，小丑鱼精灵坚定地走向了箱子，冲小兔们说：“伙伴们，我先走一步啦。”

他双手按在小丑鱼的图案上，渐渐地变得透明，最后消失在大家眼前，而这时的宝箱仿佛亮了几分。

胖胖兔、包包兔和花花兔被这突如其来的变故吓傻了，全都愣在了那里。

江美美突然站起身朝天大吼：“魔狼王，你这个恶魔，还我的小伙伴！”

魔狼王已经消失了，而回应江美美的是一道炫(xuàn)目的绿光。箱子消失不见了，宛如绿翡(fěi)翠一般的生命之源终于出现在大家面前。

生命之源周身涌动着生命的气息，让大家忍不住靠近。

突然，生命之源旁边出现了一个白袍老人的虚影，他用苍老而缓慢的声音说道：“大家好，我就是你们口中的魔狼王，或者你们可以叫我的另一个名字：玄神。我守护生命之源几千年了，现在我的生命将要耗尽，意识中的一部分异化成了魔狼王。他试图夺走生命之源，毁灭大自然。我一边抗争一边在等待聪明勇敢的人来代替我守护生命之源，今天我终于等到了你们。孩子们，守护这美丽世界和生命之源的重任就交给你们了，我也该好好休息休息了。最后我送你们一个小礼物吧。”

玄神说完，身影化作白光进入生命之源，生命之源瞬间发出耀眼的光芒，布满整个房间。模糊中传来魔狼王痛苦的声音，随后一切都消失了，好像刚才发生的是一场梦。只是小丑鱼精灵又出现在了空中，缓缓地移到了江美美身边。

江美美立刻就明白了小礼物的意思，原来玄神用最后的神力催动生命之源复活了小丑鱼精灵。可是这也耗尽了他最后的力量，加速了他的消失。

“我又活过来了？”小丑鱼精灵疑惑地看着大家。

江美美告诉他这是玄神的功劳。

“玄神是哪位？我错过了什么吗？”

江美美将事情的经过告诉了小丑鱼精灵。然后，大家带着生命之源，走出了暗黑狼堡。

这时他们发现，暗黑狼堡阴森的氛围全部消失，取而代之的是明亮的灯光和华丽的装潢（huáng）。

走出城堡，只见太阳已跃出了地平线，城堡外面干枯的草木变了

样：像春天刚刚来过，草地上一棵棵绿绿的小草从土地里冒了出来，之前干涸的河床，似冰雪融化一般，变得湿润起来，一股细小的清水不知从哪里缓缓地流过来。许多小动物仿佛刚才玩捉迷藏一样躲了起来，现在“唰”的一下，全都出来了。他们好像认识小兔们，开心地相互拥抱着，高兴地跳着。猴族族长孙空空和他的小猴子们也都出现了。最后出现的是噜噜兔村长，他笑盈盈地看着小兔们，为他们感到骄傲。

生活中的分类

生活中遇到种类比较多的事物时，为了方便整理以及更快地寻找，就会对事物进行分类。比如：超市里物品的分类摆放、图书馆中书籍的分类摆放、垃圾分类等。

分类是指按照种类、等级或性质等归类。分类与对比一样，是人类认知事物的基本方法。人类在认识大自然的过程中，先通过各种对比来认知事物，然后把事物之间的差异和相似之处进行总结，给相似的一类事物贴上一个标签，这就是一种分类方法。

我们的世界是个丰富多彩的世界，有数不胜数的动物和植物，有各种各样的物品……世界万物如此多样，要一个一个认识它们很难，所以就需要分类，对事物分门别类进行整理，让世界万物变得井然有序。

数学小博士

大家终于找到了装有生命之源的宝箱，可是没有任何可以打开的缝隙，于是箱子上杂乱无章的图案成了打开宝箱的唯一线索。

大家尝试把这些图案按一定的标准进行分类。他们先根据颜色分类，宝箱没反应；再根据形状分类，宝箱还是没反应；又根据图形中间圆孔个数进行分类，宝箱依旧没反应。

就在大家一筹莫展之际，江美美提议不按照单一的标准分类，而是综合颜色、形状、圆孔个数等多种信息标准细致分类。

在这次分类完成的那一刻，宝箱打开了，大家也知道了玄神和魔狼王的关系。玄神将生命之源托付给江美美和小兔们之后就消失了。令人高兴的是，魔狼王也消失了。大家最终完成了任务，带回了生命之源，拯救了悠悠草原。

小朋友们，一起来看看江美美整理出来的结构图吧！

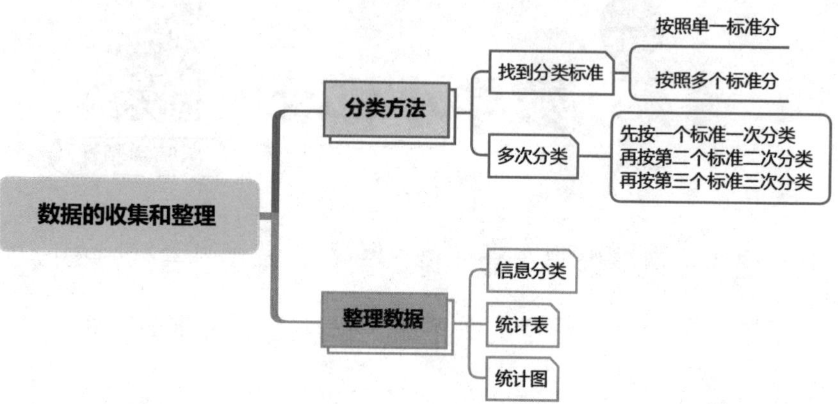
数据的收集和整理
分类方法
找到分类标准
按照单一标准分
按照多个标准分
多次分类
先按一个标准一次分类
再按第二个标准二次分类
再按第三个标准三次分类
整理数据
信息分类
统计表
统计图

回到悠悠草原之后，为了庆祝找回生命之源，大家准备举办一次庆功会。胖胖兔负责准备庆功会上的水果，可是大家的口味都不一样，哪种水果要多买点，哪种要少买点呢？胖胖兔去问每只小兔喜欢什么水果，结果居然有这么多种答案：

这下胖胖兔犯愁了："这么多水果可怎么统计呀！"

小朋友们，你们能帮胖胖兔统计一下小兔们喜欢的水果都有哪些，分别有多少吗？

我们可以像处理宝箱上的图形一样，按照不同的特点，将水果进行分类。在类型比较多的情况下，可以通过画√或者画“正”字的方法（当然你也可以选自己喜欢的符号）来记录统计，例如：

	√ √ √ √ √ √ √ √ （8）
	√ √ √ √ √ √ √ √ √ （9）
	√ √ √ √ √ √ √ √ （8）
	√ √ √ √ √ √ （6）
	√ √ √ √ √ √ √ （7）
	√ √ √ √ √ （5）
	√ √ √ （3）

	正下 （8）
	正𠃊F （9）
	正下 （8）
	正一 （6）
	正丅 （7）
	正 （5）
	下 （3）

通过分类统计，胖胖兔发现喜欢苹果的小兔最多，苹果可以多准备一些；喜欢波罗蜜的最少，可以相对少准备一点儿，以防浪费。这样，胖胖兔就可以根据统计结果来准备水果啦。

尾声

大家从暗黑狼堡回来后，小兔们带着江美美在草原上好好游览了一番。大家每天追蝴蝶，摘浆果，玩游戏，还进行计算比赛，玩得不亦乐乎。江美美还给小兔们讲起了海底世界的探险故事。

快乐的时光总是过得飞快。这天噜噜兔村长告诉大家，自己研究出了送江美美回家的办法，就是用生命之源打开时空之门。江美美听到这个消息，既喜又忧：喜的是，终于可以回家了；忧的是，要离开这么美的草原，还有这些可爱的小兔玩伴，真是舍不得呀。

一个普通的清晨，对于悠悠草原上的小兔们来说却是一个特殊的清晨，因为他们的好朋友江美美就要离开悠悠草原了。

大家把江美美送到草原的出口，江美美强忍住眼泪和小兔们道别："亲爱的小伙伴们，我的假期就快结束了，我也要回到我的世界继续学习啦。"

胖胖兔说："我好舍不得你呀，我还想请你吃我刚研发出来的新口味青草蛋糕呢！"

包包兔说："感谢你和我们一起找回了生命之源，还帮助我们学到了这么多知识。你以后一定要记得来悠悠草原找我们玩啊。"

花花兔说："是呀是呀，我还想听你讲故事，你讲的所有故事，我都喜欢听。我要把你讲的故事和我们找回生命之源的故事写下来，写成一本书，留给草原上的小兔们看。"

江美美笑着说："我们一起经历了这么多，我当然不会忘了你们。有机会我一定会再来悠悠草原的，那时候，花花兔的书肯定已经写完了！”

“好期待呀！”小兔们激动地说。

离别的时间到了，小兔们根据噜噜兔村长的方法，用生命之源开启了时空之门，江美美抱了抱每一位小伙伴，依依不舍地走进了时空之门，回到了自己的世界。